无公害蔬菜病虫鉴别与治理丛书

主编 郑永利 冯晓晓 王国荣

豆类蔬菜病虫原色图谱

（第二版）

浙江科学技术出版社

图书在版编目（CIP）数据

豆类蔬菜病虫原色图谱/郑永利，冯晓晓，王国荣主编．—2版．—杭州：浙江科学技术出版社，2023.8
（无公害蔬菜病虫鉴别与治理丛书）
ISBN 978-7-5739-0857-5

Ⅰ.①豆…　Ⅱ.①郑…　②冯…　③王…　Ⅲ.①豆类蔬菜—病虫害—图谱　Ⅳ.①S436.43-64

中国国家版本馆CIP数据核字（2023）第163874号

丛 书 名	**无公害蔬菜病虫鉴别与治理丛书**
书　　名	**豆类蔬菜病虫原色图谱**
主　　编	郑永利　冯晓晓　王国荣

出版发行	**浙江科学技术出版社**
	网址：www.zkpress.com
	地址：杭州市体育场路347号
	邮政编码：310006
	销售部电话：0571-85176040
	编辑部电话：0571-85152719
	E-mail：zkpress@zkpress.com
排　　版	杭州万方图书有限公司
印　　刷	杭州捷派印务有限公司
经　　销	全国各地新华书店

开　　本	890mm × 1240mm　1/32	**印　　张**	6
字　　数	156千字		
版　　次	2023年8月第2版	**印　　次**	2023年8月第1次印刷
书　　号	ISBN 978-7-5739-0857-5	**定　　价**	30.00元

责任编辑　詹　喜　　**责任美编**　金　晖
责任校对　李亚学　　**责任印务**　吕　琰

“无公害蔬菜病虫鉴别与治理丛书”编辑委员会

《豆类蔬菜病虫原色图谱》（第二版）编著人员

主　　编　郑永利　冯晓晓　王国荣
副 主 编　周小军　杨鸿勋　高青梅
编著人员　（按姓氏笔画排序）
王国荣　冯晓晓　朱丽燕　孙肖雨　李　斌
杨鸿勋　吴国强　何晓婵　周小军　郑永利
赵　洪　高丹娜　高青梅　黄福旦　黄耀亮

普及植保技术
发展效益农业

程渭山
二〇〇五年书

（程渭山：原浙江省农业厅厅长）

綠色植保
讓農產品
更安全

為無公害蔬菜病蟲鑒別與治理叢書題

健東

（林健东：浙江省农业农村厅原厅长）

第二版说明

在浙江科学技术出版社的大力支持下，《豆类蔬菜病虫原色图谱》（第二版）即将出版发行。虽然称之为第二版，但无论是从技术内容看，还是从病虫图片看，这都是一本全新的豆类蔬菜病虫害防治科普图书。新版图书与第一版最大的关联就是秉承了“面向基层、面向群众”的创作理念和图文并茂的创作手法，紧贴生产，不忘初心，始终追求“一看就懂、一学就会、一用就灵”的创作效果。

新版图书共收录62种豆类蔬菜常见病虫害和240幅高清数码图片，并根据最新研究成果对病虫防治技术进行了全面修订，大力倡导应用绿色防控技术和产品，确保豆类蔬菜的高效、安全生产。新版图书采用当前国际通用的《国际藻类、菌物和植物命名法规》《国际细菌命名法规》和国际植物病毒分类系统等对豆类蔬菜病原菌的分类进行了重新修订。此外，根据生产实际需求，增设了“专家提醒”“农药残留最大限量标准”“绿色防控常用药剂索引”等模块，对豆类蔬菜生产中的常见技术难题、质量风险关键控制点等进行重点剖析或特别提示，以期更好地服务生产。

作者

2023年6月

序（第一版序）

蔬菜是人们日常生活中必不可少的食物，也是我国出口农产品的重要组成部分。随着效益农业的蓬勃发展以及农业种植结构的不断调整，蔬菜种植面积逐年扩大，蔬菜栽培已成为我国农业生产中仅次于粮食生产的第二大种植产业。

然而，由于蔬菜品种繁多，栽种方式多样，且耕作制度复杂，也为各种有害生物的发展提供了丰富多样的食物和环境。有害生物种类多、为害重是蔬菜生产的一个特点，病虫为害已成为影响蔬菜生产发展的重要障碍。长期以来，由于蔬菜病虫暴发、为害所引起的经济损失，消费者对蔬菜外观品质的追求，以及使用农药所获得的经济效益，驱使农户转向依赖于大量施用化学农药防治病虫为害，以期为市场提供外观较为完美的蔬菜。然而，长期大量施用农药，严重削弱甚至毁灭了蔬菜作物生态系统的自然控制作用，使一些原来并不对蔬菜引起经济损失的病虫，例如小菜蛾、甜菜夜蛾、斜纹夜蛾等，种群数量上升，成为主要害虫，并引起严重为害。近年来，随着国际贸易活动的增长，一些原来本地并不存在的有害生物，例如斑潜蝇、烟粉虱等，也被人为或货物夹带，传入本地区发生、为害。此外，蔬菜品种的增多和栽种方式的变化也为一些病虫害提供了发生的机会，逐步成为了主要病虫害，例如西兰花黑茎病、豆东潜蝇、毛胫夜蛾和菜螟等。因此，蔬菜病虫种类越来越多，为害不断加重，防治难度日益加大。

近年来，随着科学的不断发展，人们对食品中化学、生物污染物对健康可能造成伤害的认识不断加深，如何避免农产品中的各种污染，保证食用蔬菜对人类的安全性，已成为社会关注的热点。因而，人们对蔬菜品质的要求已从外观是否完美转向内在是否安全。于是，生产上提出了无公害蔬菜的概念，即农药残留等有害污染物质的含量在国家有关规定的允许范围内，长期食用不会对人类健康产生明显不良影响的商品蔬菜。

蔬菜作物生态系统的改变和无公害蔬菜概念的提出，对蔬菜病虫害防治工作的决策能力提出了更高的要求。例如，在田间根据所采集到的病虫为害症状、各种生物样本，结合农田的生态环境，正确识别引起为害的病虫种类的能力；了解各种病虫害的发生规律和特点，根据所处的生态环境条件，正确分析病虫害发生趋势的能力；掌握农药科学使用准则，以及无公害蔬菜生产中禁用农药的有关规定，在必要时正确决策是否必须使用农药，如何合理使用农药以避免经济损失的能力。

根据无公害蔬菜生产发展中的这些需求，作者组织了一批在无公害蔬菜生产第一线工作的科研和技术推广人员，通过多年的调查和实践，在实地拍摄了大量高质量的照片资料，在经过精心准备，总结丰富实践经验的基础上，编撰出版了“无公害蔬菜病虫鉴别与治理丛书”，为发展无公害蔬菜生产做了一件实实在在的大好事。本套丛书从无公害蔬菜生产的实际出发，针对农户在实际生产中可能碰到的问题，抓住病虫识别和治理决策这两个重要环节，按蔬菜类别，以大量的照片资料，结合简要的文字说明，介绍了在蔬菜作物上发生的数百种病虫种类（其中有些种类还是首次介绍）的有关知识，同时，还介绍了一些与无公害蔬菜生产相关的规定，内容丰富，通俗易懂，图文并茂，颇具匠心。我深信，本套丛书的出版一定会对无公害蔬菜生产的发展起到重要的推动作用。

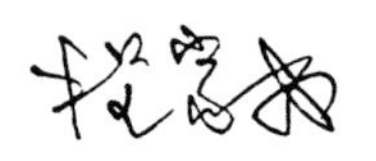

2005年春

回首二十年（代序）

“韶华如梦惊觉醒，十年弹指一挥间。”距第一版图书出版发行已经17年，倘若从构思的那一刻算起，已有20个年头了。

事实上，在浙江大学攻读在职研究生期间，由于研究植保专家系统需要，我收集并整理了大量文献资料和科研成果，并结合生产实际进行了分类归纳。在此过程中，夜以继日地研读与分析各种资料，日积月累，并内化于心时就产生写书的念头。然而，我始终没有付诸行动，不仅是因为对自己的能力和水平缺乏足够的信心，更纠结的是以什么样的形式来编写真正意义上的科普图书。

我的创作灵感来源于2000年夏天短期访问澳大利亚昆士兰基础产业部时与当地昆虫科普读物的邂逅，以及与布莱文女士关于农技科普推广方面的交流。在从悉尼返程的飞机上，我深深地陷入了冥想，那些一闪一闪的火花慢慢地在脑海中凝聚起来，变得愈来愈清晰。

当年令我兴奋不已的灵感，简单地说，就是本套图书的受众定位、表达方式和实现路径。20世纪末是浙江省农业种植结构调整最为显著的时期，彻底改变了以往“以粮为纲”的单一种植传统方式，“精、特、优”果蔬种植业迅猛发展，浙江省蔬菜播种面积在三五年内由两三百万亩增加到千万亩以上，并且“一乡（镇）一品”等规模化、集约化经营模式不断涌现，同时种植结构调整催生了一批新型农业经营主体——种植大户，他们亟须新技术的科学普及。因此，本套图书最大的读者群

注：1亩≈667平方米。

就是他们，图书就定位为“面向基层、面向群众”。当时突如其来的想法，如今看来却是如此的精准。正是这“两个面向”的定位，使得本套图书的创作与发行水到渠成。自“无公害蔬菜病虫鉴别与治理丛书”出版以来，数十次重印，累计发行几十万册，彻底摆脱了农业科普图书印次、印量少，甚至首次印刷的千余册还束之高阁或置于仓库旮旯的窘境。

既然本套图书是“面向基层、面向群众”，那就得让农民“读得懂”。因此，图文并茂和通俗易懂的表达方式便成了本套图书的不二选择。虽然在如今的读图时代，这早已成了各类读物的基本形式，但当我们穿越时空回到17年前，要真正做到这一点却不是件容易的事情。那时候的植保科普图书基本以文字描述为主，所谓的“图”是指图书中少得可怜的插图，那都是一些资深的老先生们纯手工绘制的黑白点线图和彩色模式图。能在图书的前面和后面集中插入一些用胶片相机拍摄的小尺寸的病虫图片，那都是凤毛麟角了。这主要是受当时技术、交通以及观念等多方面的局限所致，特别是胶片摄影的拍摄容量以及无法“即拍即见”的制约，使得系统地获取病虫生态图像并以一病(虫)一图甚至一病(虫)多图的形式逼真地再现田间病虫为害的场景，变得异常困难。

如何在胶片摄影时代实现图文并茂地表达图书内容，也就是实现路径，成为创作灵感落地生根的关键所在。可能是那段时间经常琢磨专家系统的缘故，脑海中突然就冒出了“群集法”这个方法。于是，我开始寻找志同道合的小伙伴一起组建创作团队，最终团队规模达50余人。俗话说“众人拾柴火焰高”，以人海战术、抱团作战的方式，以种植结构调整为主线，针对重点作物、重点时期、重点病虫害开展群集拍摄，不怕重复，只怕漏拍，以人力集聚跨越时空局限，以智力集聚突破水平有限。而正当我和小伙伴们背着海鸥、理光牌胶片相机，揣着柯达、富士胶片，热火朝天地拍摄病虫害图片时，一场以计算机应用为核心的信息技术革命悄然而至。

20世纪90年代，享受着包房、空调、地毯等优厚待遇的电脑，终于走出深闺大院，进入寻常百姓家庭。DOS、金山WPS时代终结，微软的经典作品Windows 98、Office成为日常办公新助手。随之而来的数码相机、大容量存储器、便携式电脑等，更为系统地实地采集大量病虫图片提供了极大的便利，而这恰恰也是本套图书创新的关键。于是，小伙伴们“鸟枪换炮”，纷纷扛起索尼、佳能数码相机，带着存储卡，背着笔记本电脑，再次出征，深入田间地头，只拍烂菜、烂叶，不屑美景风情。

图文并茂仅仅解决了“读得懂”，而我更希望图书让农民真正“用得上”。只有源于实践而又高于实践的先进、实用且便捷的技术，才是农民真正渴望的“用得上”的技术。因此，创作团队在继续大量实地采集原创图片的基础上，又以各类科研项目为依托，开展大量的观测调查、试验示范、技术创新和成果转化等工作。很多疑难病虫害被陆续送到浙江大学、中国农业科学院等单位，请专家、学者鉴定，对很多病虫的生物学特性、灾变规律、影响因子等开展进一步调查，在此基础上，高效环保的防控技术在田间不断试验成功。

在忙忙碌碌的工作中，岁月无痕流逝，图书素材也日益丰富，这些均来自创作团队长年累月泡在田间地头精心收集的第一手资料。经初步筛选获得的高清数码图片达数万幅，把20G容量的移动硬盘塞得满满当当。此外，还有一摞摞的田间试验报告以及中澳农业合作项目、省级重大攻关项目等各类科研成果。面对案头堆得高高的资料，大功即将告成的喜悦油然而生，但紧接着的是前所未有的紧迫感，甚至还有一丝不安。

广受农民喜爱是农业科普读物的内在生命力，而市场才是检验科普读物生命力最有力的依据。因此，本套图书定位不仅要让农民“读得懂”“用得上”，还要让农民“买得起”。创作团队针对种植大户和基层农技人员专门设计了两套调查问卷，进村入户，广泛调研农民在生产中遇到的技术难题和困惑，以及他们最喜欢的图书编排风格和易于接受的价格等。当攒足了400多份问卷时，本套图书最终的内容选取、编撰排版、装帧形式及定价才跃然而出。厚厚的“大部头”设想被推翻，更改为以作物为主线的若干小分册。在各小分册中以为害度为标准确定病虫种类，采取以图配文形式编排。本套图书在图片选择上既注重典型症状的局部特写，又呈现严重为害时的田间场景，让图书因丰富、典型的图片而活起来。

所谓“无巧不成书”，本套图书进入最后编撰阶段时，我再次访问澳大利亚昆士兰。为不影响图书如期发行，在创作团队的基础上又组建了核心工作小组，明确编写流程。主编负责各分册的初稿起草和图片选择等工作，初稿完成后，不同分册主编相互交换样稿，相互挑刺、找碴。互校的范围很广、很细致，耗费的时间也很长。在技术上要求先进、可行且便于操作，在图片上要求典型、准确、清晰，在文字表达上要求通俗易懂且精练、通顺，甚至拉丁文、错别字、标点符号都由专人负责校验。按照编写流程，每位主编须在规定时间内完成各自承担的工作任务，最后由多名主编联合对样稿逐字逐句地审订。每个分册的样稿都至少经历3个月的反复修改，最终交付出版社。在有序的流转中，文稿慢慢蝶变，最终破茧而出。

2005年春季到秋季，全套图书各分册陆续出版发行。由于图书定位准确，编写特色鲜明，所以一经出版就受到广大农民的欢迎，并先后荣获浙江树人出版奖、华东地区科技出版社优秀科技图书一等奖、中华农业科技科普奖、国家科学技术进步奖二等奖，入选国家新闻出版总署首届“三个一百”原创图书工程和中国科协“公众喜爱的优秀科普作品”。承蒙读者厚爱，尽管十多年过去了，图书依然不断地在修订重印，至今仍普遍见于全国各地书店和农家书屋。为更好地服务读者，自

2012年以来，我曾多次想对图书内容重新进行深度的修改与完善，以期为新形势下蔬菜安全生产再出一份绵薄之力。实在是囿于精力、能力所限，一直到今天才得以实现。更大的纠结却与17年前非常相似，那就是农业科普图书的创作手法如何与时俱进以适应新常态，特别是在手机已成为最主流的阅读工具的今天，农业科普图书该如何创新，并让人眼前一亮，为之一振。纠结数年，百思不得其解，只好先放下了。但愿在日后能机缘巧合，灵光乍现，一朝顿悟，到时再以飨读者。

青春是人生中一道洒满阳光的风景。小伙伴们，还记得那年春天吗？几乎每天晚上我们都跨越大洋的时空差异，互相交流，互相激励，引起共鸣。曾经是何等意气风发、激情洋溢！蓦然回首，如今已人到中年，两鬓渐白，感慨万千。借图书再版之际，衷心感谢十余年来风雨同舟、携手共进的小伙伴们！更由衷感恩一路上给予我们关爱、呵护的长者和挚友们！并以拙作深切悼念恩师程家安先生。

2017年仲夏初成于遂昌

2023年惊蛰修订于杭州

CONTENTS 目录

CONTENTS

附　录

主要参考文献

大豆霜霉病

大豆霜霉病仅为害大豆和野生大豆，是大豆常发性病害之一，造成大豆产量和品质下降，可减产6%～15%。

为害症状

大豆霜霉病为害叶片、豆荚和籽粒。若叶片染病，先从下部叶片开始发病，初期出现褪绿小斑点，后向上部叶片蔓延，病斑扩大后呈近圆形或不规则形，颜色由黄色逐渐发展为黄褐色，边缘呈深褐色。田间湿度大时，叶背病斑上会产生灰白色至灰紫色霉层（即病菌的孢子囊及孢囊梗）。严重时叶面病斑连接成片，病叶干枯死亡，造成植株早衰。若豆荚和籽粒染病，豆荚表面常无明显症状，仅在病荚内壁和籽粒表面产生灰白色霉层。

叶片染病，初始出现褪绿小点，扩大后为圆形至不规则形的黄色病斑

发生特点

此病是由藻物界卵菌门寄生无色霜霉*Hyaloperonospora parasitica*（Persoon: Fries）Constantinescu侵染引起。病菌以卵孢子随病残体遗留在田间或潜伏在种子内越冬。翌春环境条

高湿条件下，病斑背面产生灰白色霉层

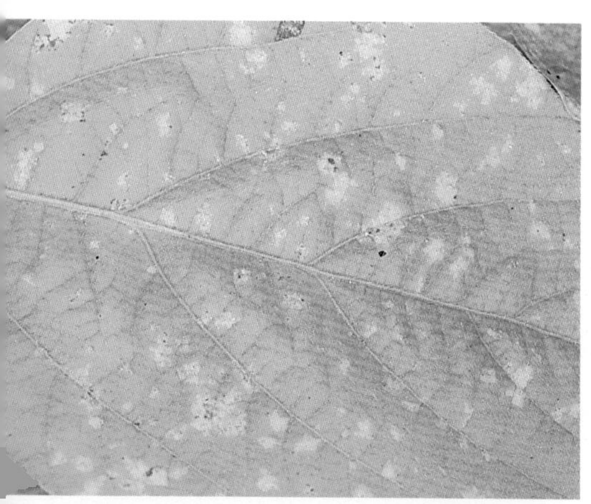
随着病情发展，病斑颜色逐渐变成黄褐色

大豆霜霉病中期叶背症状

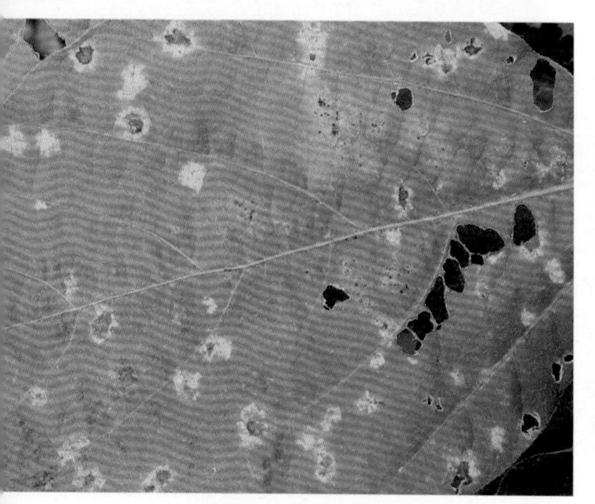
发病后期病部变褐坏死

大豆霜霉病后期叶背症状

件适宜时，越冬卵孢子萌发，产生游动孢子，借助雨水反溅和气流传播，引起初侵染；病菌在大豆生长季节繁殖很快，在病部产生大量孢子囊，进行多次再侵染。若播种带菌种子，条件适宜时产生游动孢子，从子叶下的胚茎侵入，并随胚茎向生长点蔓延，形成系统侵染，而后新生代孢子囊借助雨水反溅和昆虫传播，进行多次再侵染。

病菌喜温暖、高湿的环境，最适宜发病的气候条件为温度20～24℃，相对湿度90%以上。长江中下游地区大豆霜霉病的主要发病盛期在春季5月中旬至6月，秋季9月下旬到10月。大豆最易感病的生育期为成株期，发病潜育期5～10天。雨期长、雨量多的年份发病重；多年连作、排水不良、种植过密、通风透光差的田块发病重；大豆生长季节气候冷凉高湿有利于发生流行。

防治要点

大豆霜霉病田间为害状

①选用抗病品种，选用无病种子。②提倡与非豆科作物隔年轮作，以减少田间病菌来源。③合理密植，增强田间通风、透光；开沟排水，降低田间湿度，促进植株健壮生长；合理施肥，提高植株抗病能力；收获后及时清除病残体，带出田外集中销毁；深翻土壤，加速病残体的腐烂分解。④药剂防治。发病初期，可选用60%达文西（氟吗啉·唑嘧菌胺）水分散粒剂1000倍液，或72%克露（霜脲·锰锌）可湿性粉剂800倍液，或68%金雷（精甲霜·锰锌）水分散粒剂600倍液，或687.5克/升银法利（氟菌·霜霉威）悬浮剂1000倍液，或50%阿克白（烯酰吗啉）可湿性粉剂2500～3000倍液，或70%安泰生（丙森锌）可湿性粉剂300～400倍液，或64%杀毒矾（噁霜·锰锌）可湿性粉剂1000倍液等喷雾防治，每隔5～7天施用1次，连续防治2～3次。

大豆炭疽病

大豆炭疽病是大豆重要病害之一，在多雨潮湿的季节发生严重，对大豆品质和产量影响较大。

为害症状

大豆炭疽病主要为害大豆的叶、茎、豆荚和籽粒，苗期和成株期均可发病。

叶片染病，始于叶背的叶脉，初呈红褐色小斑或小条斑，扩大后变为黑色至黑褐色的凹陷条斑；条斑会逐渐延伸和扩展，形成三角形至多角形网状斑，病部叶脉稍凹陷。

茎部病斑互相融合成褐色长条斑

叶柄和茎染病，产生锈褐色细条状斑，扩展后凹陷和龟裂，严重时病斑相互融合成长条斑，染病幼茎易从病部折断。

豆荚染病，主要表现2种类型病斑。一种是长条形或不规则形，初为水渍状褐色细条斑，随着豆荚鼓粒，如湿度适宜，病斑迅速扩大为条状或不规则形，呈黄褐色或红锈色，酷似机械擦伤，形似锈状斑，俗称“锈斑病”；另一种病斑近圆形，潮湿时，出现不规则排列的小黑点。

苗期发病，病斑可从子叶扩展到幼茎上，幼茎基部褐化龟裂，导致病部以上部分植株枯死。

发生特点

幼茎染病，茎基部凹陷龟裂

此病由真菌界子囊菌门刺盘孢属真菌引起，已报道能引起大豆炭疽病有：平头刺盘孢 *Colletotrichum truncatum*（Schwein.）Andrus & W.D. Moore、盘长孢状刺盘孢 *C. gloeosporioides*（Penz.）Penz. & Sacc.、大豆刺盘孢 *C. glycines* Hori ex Hemmi、毁灭性刺盘孢 *C. destructivum* O'Gara、毛核刺盘孢 *C. coccodes*（Wallr.）S. Hughes 及禾谷刺盘孢 *C. graminicola*（Ces.）G.W. Wilson。病菌主要以菌丝体在种子上越冬，也能以菌丝体或分生孢子盘随病株残余组织遗留在田间越冬。翌春环境条件适宜时产生分生孢子，借助雨水反溅到寄主植物，从寄主表皮直接侵入，引起初次侵染。经潜育后出现病斑，病斑产生新生代分生孢子，进行多次再侵染。若播种带菌种子，幼苗即可发病，形成系统侵染，而后菌丝体产生的分生孢子借助雨水反溅和昆虫传播进行多次再侵染。

大豆豆荚鼓粒中后期发病出现条形病斑，一般不引起豆荚枯死，且很少侵染豆粒，但严重影响豆荚的商品性。在6—9月，处于鼓粒期的豆荚病情发展很快，只需3～5天，发病面积就可占整个豆荚的50%以上。

病菌喜温暖、高湿的环境，最适宜发病的气候条件为温度21～23℃，相对湿度100%。大豆最易感病生育期为苗期及结荚至采收期。长江中下游地区主要发病盛期在春季4—5月和秋季8月中下旬至11月上旬。春季一般发生偏轻，秋季闷热多雨年份发病重；大豆鼓粒期多为高湿天气、始花到采收期多雨，发病重；在大豆始花、结荚、鼓粒时期温度偏高，发病重。

豆荚染病初期出现水渍状褐色细条斑

豆荚病斑酷似机械擦伤

豆荚圆形病斑表面常密生小黑点

防治要点

①选用无病种子。②种子处理。播种时用种子重量0.4%的50%多菌灵可湿性粉剂拌种。③合理轮作。实行与非豆科作物轮作2年以上，以减少田间病菌来源。④加强管理。合理密植，科学施肥浇水，开好排水沟系，防止土壤过湿和雨后积水。⑤药剂防治。一般发生年份（大豆开花结荚期雨水偏少），在始花期和盛花期各喷雾防治1次，药剂可选用240克/升锐收谷瑞（氯氟醚·吡唑酯）乳油1000倍液，或250克/升凯润（吡唑醚菌酯）乳油2000倍液，或60%百泰（唑醚·代森联）水分散粒剂1500倍液，或16%碧翠（二氰·吡唑酯）水分散粒剂750倍液，或75%拿敌稳（肟菌·戊唑醇）水分散粒剂3000倍液，或35%露娜润（氟菌·戊唑醇）悬浮剂6000倍液，或42.4%健达（唑醚·氟酰胺）悬浮剂1500倍液，或10%世高（苯醚甲环唑）水分散粒剂800倍液，或430克/升好力克（戊唑醇）悬浮剂4000倍液等。如遇大豆开花结荚期雨水偏多，在鼓粒初期再防治1次，以确保防治效果。

大豆褐斑病

大豆褐斑病为大豆的常见病害，分布广，发生普遍，通常秋大豆发病较重。

为害症状

大豆褐斑病主要为害叶片，也可为害茎秆。叶片染病，初期散生黄褐色小点，后呈不规则形病斑，中央灰白色至浅褐色，边缘暗褐色至紫红色，病、健交界明显，病斑一般不融合，最终病斑呈灰白色至灰褐色，病斑后期易穿孔。茎秆染病，病部褐色凹陷，干燥形成龟裂状，严重时茎秆折断。

发生特点

此病由真菌界子囊菌门小波雷米亚霉*Boeremia exigua* var. *exigua*侵染引起。病菌以菌丝体在种子或病残体内越冬，或以分生孢子器在大豆上越

叶片正面病斑，中间灰白色至浅褐色，边缘暗褐色至紫红色，后期易穿孔

叶片上分布多个病斑，但一般不融合成大病斑

茎秆不规则凹陷病斑

茎秆受害后期，病斑纵裂

冬。翌年环境条件适宜时，产生分生孢子，借助风雨传播至寄主作物，进行初侵染和多次再侵染，致使病害蔓延。

病菌喜温暖、潮湿的环境，其生长发育的温度范围为8～35℃，田间发病最适温度为20～26℃。大豆生长期多雨、多雾或结露较多的年份发病重；播种未经消毒的种子，或偏施氮肥，或土壤阴湿、积水的地块发病重。

防治要点

①选用抗病品种，播种无病种子。②种子消毒。播前用55℃温水浸种30分钟进行消毒处理。③采用高畦栽培，合理密植，施足底肥，增施磷、钾肥，避免田间积水。收获后及时清理病残组织，集中销毁或高温沤肥。④药剂防治。发病初期，可选用60%百泰（唑醚·代森联）水分散粒剂1500倍液，或500克/升扑海因（异菌脲）悬浮剂800倍液，或70%品润（代森联）水分散粒剂600倍液，或80%大生M-45（代森锰锌）可湿性粉剂600倍液，或70%甲基托布津（甲基硫菌灵）可湿性粉剂1000倍液等喷雾防治，每隔7～10天施用1次，连续防治2～3次。

大豆白粉病

大豆白粉病是大豆上常见普通病害之一，主要影响大豆光合作用，对生产无明显影响。

为害症状

大豆白粉病主要为害叶、茎和荚。叶片染病，叶面初现零星的近圆形白色小霉斑，霉斑下的叶组织稍褪绿，后霉斑逐渐扩大，数量增多，霉斑

大豆白粉病田间为害状

受害初期，叶片正面出现近圆形白色小霉斑

病斑下叶组织褪绿，扩大成粉斑

病斑扩大后，受害叶片背面产生稀疏霉层

粉斑扩大后互相联合

呈现为粉斑，互相融合以致布满全叶。受害叶片多枯黄死亡，导致植株早衰。叶背也可见霉层但较为稀疏。茎、荚染病，出现小粉斑，严重时病斑布满茎、荚，致茎、荚枯黄甚至干缩。

发生特点

此病由真菌界子囊菌门蓼白粉菌*Erysiphe polygoni* DeCandolle、节节草白粉菌*Erysiphe diffusa*（Cooke & Peck）U. Braun & S. Takam.侵染引起。初侵染源主要来自田间其他寄主作物或杂草染病后繁殖的分生孢子。分生孢子易从分生孢子梗上脱落，借助气流传播，条件适宜时萌发。病原菌从寄主表皮细胞侵入后，菌丝在表皮营养寄生后不断蔓延，长出新的分生孢子，多次进行再侵染。潮湿、郁闭的生态条件更易导致白粉病的发生。种植密度过大、田间通风透光状况不良、施用氮肥过多、管理粗放则发病重。

防治要点

①农业防治。选用抗病品种；高畦栽培，合理密植，开沟排水，增施磷、钾肥，以增强植株长势，提高抗病力；收获后及时清除病残体，将其带出田间集中销毁，减少田间菌源。②药剂防治。发病初期，选用29%绿妃（吡萘·嘧菌酯）悬浮剂1500倍液，或42.4%健达（唑醚·氟酰胺）悬浮剂2000倍液，或36%卡拉生（硝苯菌酯）乳油1500倍液，或42%英腾（苯菌酮）悬浮剂1500倍液，或38%凯津（唑醚·啶酰菌）水分散粒剂1000倍液，或43%露娜森（氟菌·肟菌酯）悬浮剂2000倍液，或10%世高（苯醚甲环唑）水分散粒剂1500倍液，或12%健攻（苯甲·氟酰胺）悬浮剂1000倍液，或12.5%四氟醚唑水乳剂1500倍液，或40%腈菌唑可湿性粉剂5000倍液，或25%乙嘧酚磺酸酯水乳剂1000倍液等喷雾防治，每隔5～7天施用1次，连续防治2～3次。重点喷雾发病中心及周围植株。

大豆根腐病

感病植株叶片呈萎蔫状

植株受害萎蔫状

大豆根腐病是影响大豆生产的主要根部病害之一，发生普遍，主要分布在我国东北和华北黄淮地区及西北陕西等地。

为害症状

大豆根腐病主要为害根部。感病植株矮化，叶片由下而上逐渐变黄，结荚少，严重时植株死亡。检视病斑根部，侧根从根尖开始变黑褐色，并逐渐变褐腐烂，主根下半部先出现黑褐色条斑，逐渐扩大，表皮及皮层变黑，严重时主根下半部全部腐烂。与大豆根腐病的区别在于，疫霉根腐病主要表现为根部褐色湿润水浸状。

发生特点

此病由真菌界子囊菌门腐皮镰刀菌*Fusarium solani*（Mart.）Sacc.侵染引起。病菌在病残体上或土壤中越冬，可存

植株受害，地下根部侧根从根尖变褐腐烂

根部受害腐烂，植株死亡

大豆根腐病田间枯死状

活10年左右。病菌主要借土壤传播，通过灌水、施肥及风雨进行侵染。土壤湿度大，灌水多，有利于该病发展；连作、地势低洼、排水不良，发病较重；春季低温多雨发病较重。而大豆疫霉根腐病则偏好夏季高温天气，在气温大于30℃时，发病率显著提升。

防治要点

①农业防治。实行与非寄主作物3年以上的轮作。精耕细作，深耕平整土地，提倡垄作栽培，适时晚播，地温稳定通过7～8℃时开始播种，并注意播种深度为3～5厘米，不能过深。早中耕，深中耕，排除积水，提高土温，降低湿度，增施速效肥等。②种子处理。用种子重量0.3%的50%福美双或40%拌种双可湿性粉剂拌种。③药剂防治。发病初期，可选用70%噁霉灵可湿性粉剂3000倍液，或20%甲基立枯磷乳油1200倍液，或75%拿敌稳（肟菌·戊唑醇）水分散粒剂3000倍液等喷洒防治，每隔7天施用1次，连续防治2～3次。

大豆菌核病

大豆菌核病是一种世界性分布的重要病害，在我国东北、华北、华东、西南等各大豆产区发生普遍，流行年份能造成产量骤减20%～30%，严重地块可达50%以上，甚至绝产，严重威胁我国大豆产业的安全生产。

为害症状

大豆菌核病主要为害茎秆、叶片及豆荚。

幼苗染病，先在茎基部发病，后向上扩展，病部呈深绿色湿腐状，其上生白色棉絮状菌丝，后病势加剧，幼苗倒伏、死亡。

发病初期，茎秆病斑处生灰白色棉絮状菌丝

茎秆上布满灰白色菌丝和黑色鼠粪状菌核

茎秆染病，多从主茎中下部分杈处开始，初现水渍状不规则病斑，后褪为浅褐色至近白色，常环绕茎部向上、下扩展，导致病部以上枯死或折断。潮湿条件下，病部产生灰白色棉絮状菌丝，后形成鼠粪状菌核。剖开病茎，髓部变空充满菌丝，并有菌核散生。后期遇干燥条件，茎部皮层纵裂，露出维管束，呈乱麻状。发病严重时，全株枯死。

叶片染病，初呈湿腐状，也可产生白色棉絮状菌丝体和黑色菌核。叶柄染病，病部苍白，后期表皮破裂呈乱麻状，其上也有白色菌丝和黑色菌核。

豆荚染病，初呈水渍状不规则褐色病斑，逐渐变白色，结小粒或不结实，大多荚内种子腐败干缩，荚内、外均可形成较茎内菌核稍小的菌核。

发生特点

此病由真菌界子囊菌门核盘菌 *Sclerotinia sclerotiorum*（Lib.）de Bary 侵染引起。病菌以菌核在土壤、病残体及混杂在大豆种子间越冬，成为翌年的初侵染来源。菌核在适宜的环境条件下萌发产生子囊盘并释放大量子囊孢子，借助风雨传播扩散。菌核萌发产生的菌丝也具有侵染性，可直接接触侵染。带菌花瓣和发病组织还可以通过接触进行再侵染，构成完整的侵染循环。

大豆菌核病从苗期到成株期均可发生，尤其是开花结荚期受害较重，地上部分受害可造成苗枯、茎腐、叶腐、荚腐等症状。病菌子囊孢子萌发产生的芽管只有在外源营养物质和水共同存在时才能侵染寄主植物。衰老的花器官能给病原菌充足的营养物质。因此，大豆开花期是病害流行的高峰期。

防治要点

①农业防治。选用抗（耐）病品种；实行水旱轮作，与禾本科作物进行3年以上轮作，避免与向日葵、油菜地相邻种植；深翻土壤，及时排除田间积水，勿过多施用氮肥，清除种子中混杂的菌核，及时清除散落于田间的菌核，集中处理病株残体。②药剂防治。发病初期，可选用50%凯泽（啶酰菌胺）水分散粒剂1200倍液，或42.4%健达（唑醚·氟酰胺）悬浮剂1500倍液，或50%瑞镇（嘧菌环胺）水分散粒剂1500倍液，或20%麦甜（氟唑菌酰羟胺）悬浮剂1000倍液，或500克/升扑海因（异菌脲）悬浮剂800倍液，或12%健攻（苯甲·氟酰胺）悬浮剂1000倍液，或50%腐霉利可湿性粉剂1000倍液等喷雾防治1次，每隔7～10天施用1次，连续防治2～3次。注意药剂交替使用。

专家提醒

大豆菌核病是土传病害，初侵染来源主要是土壤中的菌核，在防治上应以预防初次侵染为主。

大豆细菌性疫病

大豆细菌性疫病是大豆的一种普通细菌性病害。一般高温多湿、雾大露重或暴风雨后转晴的天气，最易诱发该病。

为害症状

大豆细菌性疫病主要为害叶片，也可为害茎、叶柄、豆荚和籽粒。

叶片染病，初期叶面产生多角形水渍状小斑点，淡黄绿色至暗绿色，

发病初期，叶片正面水渍状小斑点

中央很快干枯呈黑色，边缘有黄色晕环，病斑可互相融合扩展形成不规则形的枯死斑块。在潮湿环境下可产生菌脓，干燥后在病斑表面形成一层白色或黄色的薄膜状物，边缘水渍状并有黄色晕环。夏季遇多雨低温天气，病斑即迅速扩大成为不规则的干枯大斑，病部易脱落，使叶片呈破碎状，病株底部叶片往往较早脱落。

发病初期，叶片背面症状

茎及叶柄染病，初呈暗褐色水渍状长条斑，扩展后为不规则状黑色大斑，稍凹陷。

豆荚染病，初为水渍状小型病斑，后扩展至豆荚的大部分，变成暗褐色条斑。籽粒感病，病粒萎缩，稍褪色或色泽不变。

发病后期，叶片正面病斑扩大

发生特点

此病由细菌界假单胞门丁香假单胞菌*Pseudomonas syringae* pv.

叶片病斑中央干枯呈黑色，边缘具黄色晕圈

glycinea var. *japonica*、萨氏假单胞菌大豆致病变种*Pseudomonas savastanoi* pv. *glycinea*侵染引起。病菌发育适温25～27℃，最高37℃，最低3℃。在长江流域，4月底到5月初，幼苗分枝期，病情开始发展；5月中旬至6月上旬开花结荚期达到发病高峰；6月中下旬，鼓粒、成熟期病情又趋缓和。雨量多时更易发病，田块间连作地，地势低洼、排水不良的田块发病较重，栽培上种植过密、通风透光差则发病重。

防治要点

①农业防治。选用抗病品种和无病种子，与禾本科作物实行3年以上轮作，与玉米进行间作，合理密植，施用充分腐熟的有机肥，收获后及时销毁田间病株残体。②种子消毒处理。播种前用种子重量的0.3%的50%福美双可湿性粉剂拌种。③药剂防治。发病初期及时用药防治，可选用3%辉润（噻霉酮）微乳剂750倍液＋2%春雷霉素水剂300倍液，或12%松脂酸铜乳油800倍液，或46%可杀得叁千（氢氧化铜）水分散粒剂1500倍液，或36%得尚（春雷·喹啉铜）悬浮剂1000倍液，或47%加瑞农（春雷·王铜）可湿性粉剂750倍液，或20%碧生（噻唑锌）悬浮剂300～400倍液等淋喷或灌根，每隔7天施用1次，连续3～4次。

大豆病毒病

大豆病毒病又称大豆花叶病，是大豆的主要病害之一。发病植株矮化，结荚减少，百粒重下降，一般减产15%左右，重发田块减产可达50%以上。

为害症状

叶脉变褐弯曲，叶肉泡状突起，叶片皱缩歪扭不整

大豆病毒病多表现为系统性症状，叶片、花器、豆荚均可受害，在整个生育期都能发病。幼苗受害，植株矮缩，新生叶片偏小、皱缩甚至死亡。叶片受害常表现为4种类型：①轻花叶型。叶片生长基本正常，通常后期病株或抗病品种的上部叶片出现淡黄绿相间的斑纹，对光观察尤为明显；②重花叶型。出现黄绿相间斑纹且皱缩严重，叶脉变褐弯曲，叶肉泡状突起，叶缘反卷，后期叶脉坏死，植株明显矮化；③皱缩花叶型。症状介于轻、重花叶型之间，病叶出现黄绿相间花叶，沿叶脉呈泡状突起，叶片皱缩不齐；④黄斑型。轻花叶型与皱缩花叶型混生，出现黄斑坏死。此外，

上部叶片褪绿，叶形缩小，出现黄绿相间花叶，沿叶脉呈泡状突起

还可引起花器畸形，花芽萎蔫不结实或呈黑褐色枯死，使结荚数减少，豆荚短小畸形，出现褐色坏死条纹，籽粒出现斑纹，色泽多变，多为褐色或浅褐色。

发生特点

此病主要是由大豆花叶病毒（soybean mosaic virus，简称SMV）侵染引起。病毒主要吸附在豆类作物的种子上越冬，也可在越冬豆科作物或随病株残余组织遗留在田间越冬。播种带毒种子，出苗后即可发病；生长期主要通过蚜虫传毒，也可通过植株间汁液接触及农事操作传播至寄主植物上，从寄主伤口侵入，进行初侵染和多次再侵染。

病毒喜高温、干旱的环境，其发育的温度范围为15～38℃，最适宜发病的气候条件为温度20～35℃，相对湿度80%以下。遇持续高温干旱天气或蚜虫虫害大量发生时，易使病害发生与流行。年度间春、秋季气温偏高、少雨、蚜虫发生量大的年份发病重。栽培管理粗放、农事操作不注意防止传毒、多年连作、地势低洼、缺肥、缺水的田块发病重。

防治要点

①选用抗病品种，无病株采种，播种无病种子，播前对种子进行消毒处理，适期播种。②苗期及时防治蚜虫，有条件的可采用防虫网或银灰色遮阳网覆盖避蚜防病。③加强管理。发病初期应及时拔除病株并在田外销毁，清理田边杂草，减少病毒来源。合理密植，施足腐熟有机肥，增施磷、钾肥，使土层疏松肥沃，促进植株健壮生长，减轻病害发生。收获后及时清除病残体，深翻土壤，加速病残体腐烂分解。④药剂防治。发病初期，可选用20%吗啉胍·乙铜可湿性粉剂800倍液或10.0001%羟烯·吗啉胍水剂1000倍液＋1.8%爱多收（复硝酚钠）水剂3000倍液或0.04%芸苔素内酯水剂10000倍液等喷雾防治，每隔7～10天施用1次，连续防治2～3次。

病叶沿叶脉呈泡状突起，叶片皱缩不齐

豇豆锈病

豇豆锈病是豇豆上常见的重要病害之一，在各蔬菜种植区发生普遍。发病严重时，造成叶片干枯早落，影响产量。

叶面稍突起的锈褐色粒点

典型病斑，中央突起呈暗褐色，周围具黄色晕圈

为害症状

豇豆锈病主要为害叶片，也可为害茎和豆荚。

叶片染病，初期在叶背或叶面产生黄褐色或浅黄色的小斑点，逐渐扩大为近圆形隆起；后期病斑中央突起呈暗褐色（病菌的夏孢子堆），周围具黄色晕圈，表皮破裂后散发出红褐色粉末状夏孢子。发病严重时，整张叶片布满锈褐色的病斑，导致叶片枯黄脱落。发病后期，病斑上的夏孢子堆形成黑色椭圆形或不规则形的冬孢子堆，表皮破裂后散发出黑褐色粉末状冬孢子。

叶柄、茎和豆荚染病，症状与叶片相似。

发生特点

此病由真菌界担子菌门豇豆单胞锈菌 *Uromyces vignae-sinensis* Miura

侵染引起。病原菌只为害豇豆，系专性单主寄生锈菌，能产生性孢子、锈孢子、夏孢子、冬孢子及担孢子。田间常见的是夏孢子和冬孢子，主要以冬孢子随病残体在土壤中越冬。翌年春季，温度、湿度条件适宜时，冬孢子经3～5天萌发产生担子和担孢子，通过气流传播至豇豆叶片，产生芽管侵入引起初侵染，潜育8～9天后出现病斑，形成性孢子和锈孢子，后进一步形成夏孢子，借助气流传播，进行多次再侵染，直到秋季产生冬孢子越冬。

叶片背面染病症状

病菌喜温暖、潮湿的环境，适宜发病的温度范围为21～32℃，最适宜发病的气候条件为温度23～27℃，相对湿度90%以上。豇豆的最易感病生育期为开花结荚期到采收中后期，发病潜育期为7～10天。

长江中下游地区豇豆锈病的主要发病盛期在5－10月。年度间以夏、秋季高温多雨的年份发病重，多年连作、地势低洼、排水不良、种植过密、通风透光差的田块发病重。

表皮破裂后，散发出红褐色粉末状夏孢子

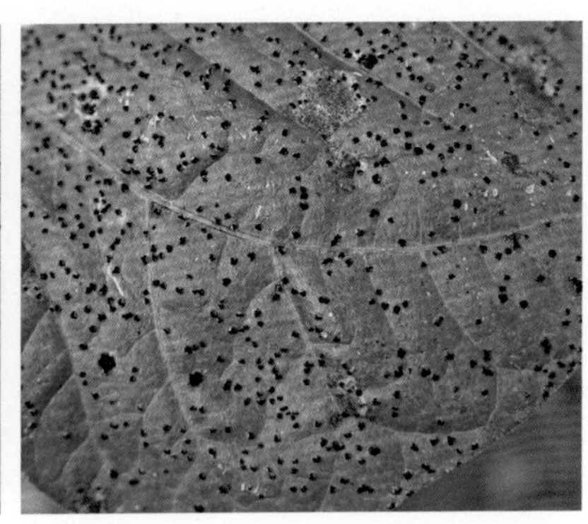
发病严重时，整张叶片布满锈褐色病斑

发病严重时，植株叶片干枯早落

防治要点

①合理轮作。与非豆科作物轮作2～3年。②加强管理。高畦栽培，合理密植，开沟排水，增施磷、钾肥，以增强植株长势，提高抗病力。及时整枝，收获后及时清除病残体，将其带出田间集中销毁，减少田间菌源。③药剂防治。发病初期，可选用400克/升锐收果香（氯氟醚·吡唑酯）悬浮剂1500倍液，或62.25%仙生（锰锌·腈菌唑）可湿性粉剂600倍液，或325克/升阿米妙收（苯甲·嘧菌酯）悬浮剂1500倍液，或16%碧翠（二氰·吡唑酯）水分散粒剂750倍液，或75%拿敌稳（肟菌·戊唑醇）水分散粒剂3000倍液，或42.4%健达（唑醚·氟酰胺）悬浮剂2500倍液，或430克/升好力克（戊唑醇）悬浮剂4000倍液，或10%世高（苯醚甲环唑）水分散粒剂1000～1500倍液，或250克/升敌力脱（丙环唑）乳油3000倍液，或15%三唑酮可湿性粉剂1000倍液等喷雾防治，每隔7～10天施用1次，连续防治2～3次。

豇豆白粉病

豇豆白粉病是生产上较为常见的病害之一，除为害豇豆外，还可侵害豌豆、蚕豆、扁豆、菜豆、甘蓝、芹菜、番茄等多种蔬菜。在南方蔬菜种植区发生普遍，发病严重时对产量影响很大。

为害症状

豇豆白粉病主要为害叶片，也可为害茎蔓和豆荚。

叶片染病，初期在叶面产生圆形的黄褐色小斑，后扩大为不规则形的紫色或褐色病斑，并在叶面或叶背产生白粉状霉层（病菌的分生孢子梗、分生孢子和菌丝体）；后期病部霉层老熟，呈灰褐色，霉层间产生黑色小点（病菌的闭囊壳）。发病严重时，多个病斑相互连接，沿叶脉扩展成粉带，病斑颜色由白色转为灰白色至紫褐色，并遍布全叶，最后导致叶片迅速枯黄脱落。茎蔓和豆荚染病，产生白粉状霉层，可使茎蔓干枯，豆荚干缩。

叶面病斑扩大后呈不规则形紫色或褐色粉状霉斑

茎蔓染病，产生白粉状霉层

病斑相互连接，沿叶脉扩展成粉带，颜色由白色转为灰白色至紫褐色

发生特点

此病由真菌界子囊菌门蓼白粉菌*Erysiphe polygoni* DC Candolle、苍耳叉丝单囊壳*Podosphaera xanthii*（Castagne）U.Braun & Shishkoff、叉丝单囊壳*Sphaerotheca fuliginea*（Schltdl.）Pollacci侵染引起。病菌主要以菌丝体或闭囊壳在土壤中或病残体上越冬。翌年春季，环境条件适宜时，产生分生孢子，由气流或雨水反溅传播，从寄主表皮直接侵入进行初侵染，然后在病斑上产生新生代分生孢子，借助气流飞散传播，进行多次再侵染，逐步加重为害。

发生严重时，病斑相互连接，遍布全叶，受害茎蔓产生白粉状霉层

病菌喜温暖、潮湿的环境，适宜发病的温度范围为15～35℃，最适宜发病的气候条件为温度20～30℃，相对湿度40%～95%。豇豆的最易感病生育期为开花结荚中后期，发病潜育期为3～7天。

植株下部发病较为严重

长江中下游地区豇豆白粉病的主要发病盛期在5—11月。温度偏高、多雨的年份发病重，干湿交替或昼夜温差大、夜间叶面易结露的天气发病重，多年连作、地势低洼、排水不良、种植过密、通风透光差、长势差的田块发病重。

后期病部霉层老熟，呈灰褐色，霉层间产生黑色小点，即病菌的闭囊壳

防治要点

参照“大豆白粉病”。

豇豆煤霉病

豇豆煤霉病是豇豆的主要病害之一，除为害豇豆外，还为害大豆、菜豆、豌豆、蚕豆等其他豆科作物。

为害症状

豇豆煤霉病主要为害叶片，也可为害茎蔓和豆荚。叶片染病，初期在叶片正反两面产生紫褐色斑点，后病斑扩大到1～2厘米大小，近圆形或三角形，病斑中央浅褐色或褐色，边缘褪绿色，与健部界限不明显。潮湿时，在叶片背面产生灰黑色烟煤状霉层（即病菌的分生孢子梗和分生孢子）。

发病初期，叶片正反两面病斑近圆形，中央浅褐色，边缘褪绿色，病斑直径1～2厘米

发生严重时，多个病斑常连接成片，遍布全叶，导致叶片枯黄脱落。茎蔓染病，病斑呈梭形，褐色，后期变成灰黑色。

发生特点

此病由真菌界子囊菌门菜豆假尾孢 *Pseudocercospora cruenta*（Sacc.）Deighton 侵染引起。病菌以菌丝体和分生孢子随病残体在土壤中越冬。翌年春季，环境条件适宜时，在菌丝体上产生分生孢子，借助气流传播进行初侵染，然后在受害部位产生新生代分生孢子，进行多次再侵染。豇豆一般在开花结荚期开始发病，病害多发生在老叶或成熟的叶片上，顶端嫩叶较少发病。

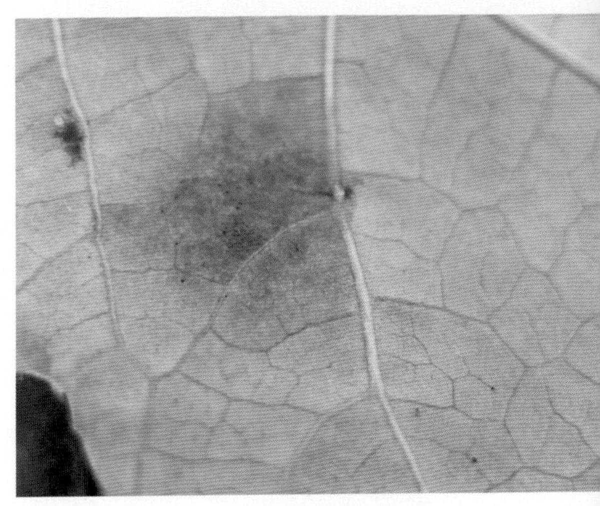

叶片背面浅褐色霉层

病菌喜高温、高湿的环境，其发育的温度范围为7～35℃，最适宜发病的气候条件为温度25～32℃，相对湿度90%～100%。豇豆的最易感病生育期为开花结荚期到采收中后期，发病潜育期为5～10天。

叶片正面病斑边缘褪绿色

长江中下游地区豇豆煤霉病的发病盛期在5—10月。

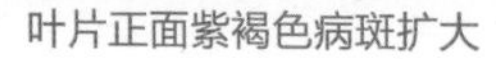

叶片正面紫褐色病斑扩大

叶片背面灰褐色烟煤状霉层

春豇豆在5月下旬始发，6月上中旬进入盛发期；秋豇豆在8月上旬始发，8月下旬进入盛发期。夏、秋季多雨的年份发病重；多年连作、地势低洼、排水不良、种植过密、通风透光差、肥水管理不当、长势差的田块发病重。

防治要点

①选用抗病品种。②与非豆科作物实行2～3年轮作。③加强管理。合理密植，适当增施磷、钾肥，增强植株抗病能力。高畦深沟和地膜栽培，雨后及时排水。④药剂防治。发病初期，选用60%百泰（唑醚·代森联）水分散粒剂1500倍液，或80%大生M-45（代森锰锌）可湿性粉剂600倍液，或70%品润（代森联）水分散粒剂600倍液，或250克/升阿米西达（嘧菌酯）悬浮剂1000倍液，或70%安泰生（丙森锌）可湿性粉剂600～800倍液，或46%可杀得叁千（氢氧化铜）水分散粒剂800倍液，或50%腐霉利可湿性粉剂1000倍液等喷雾防治，每隔5～7天施用1次，连续防治2～3次。

豇豆炭疽病

豇豆炭疽病是豇豆的重要病害之一，我国豇豆产区均有发生，轻则生长停滞，重则植株死亡，对豇豆的品质和产量影响很大。

为害症状

豇豆炭疽病主要为害茎，地上部分均能受害。茎染病，产生梭形或长条形病斑，初为紫红色，后变淡，凹陷，呈溃疡状直至龟裂，病斑上密生黑点(病菌的分生孢子盘)。湿度大时，病斑上常出现大量粉红色的黏稠状物，并往往因腐生菌的生长而变黑，加速组织崩解，引起植株死亡。豆荚染病，病斑长条形或不规则形，中央淡褐色，边缘暗褐色，偶有凹陷。

苗期茎基部染病，产生紫红色凹陷梭形或长条形病斑

受害豆荚初期病斑

受害豆荚病斑扩大

豇豆豆荚染病，病斑呈红褐色不规则形

发生特点

此病是由真菌界子囊菌门刺盘孢属真菌侵染引起，包括平头刺盘孢*Colletotrichum truncatum*（Schwein.）Andrus & W.D. Moore、辣椒刺盘孢*C. capsici*（Syd. & P. Syd.）E.J. Butler & Bisby、毁灭性刺盘孢*C. destructivum* O'Gara、菜豆刺盘孢*C. lindemuthianum*（Sacc. & Magnus）Briosi & Cavara及黑线刺盘孢*C. dematium*（Pers.）Grove。病菌主要以潜伏在种皮下的休眠菌丝越冬。豇豆播种后可直接为害子叶及根茎，引起初侵染，然后又在病部表面产生分生孢子，进行再侵染。在田间，分生孢子借助风雨、昆虫传播，从寄主的表皮和伤口侵入。豇豆炭疽病从幼苗期到收获期都可发生，病菌侵入豆荚后，在储运过程中仍可继续为害。

病菌喜温凉、高湿的环境，最适宜发病的气候条件为温度17℃左右，相对湿度100%。当温度超过27℃、湿度低于92%

时，病害很少发生；温度低于13℃时病势停止发展。温凉多湿（多雨、多露或重雾）的地区发病较重，多年连作、地势低洼、种植过密、土壤黏重的田块发病重。

防治要点

①选用无病种子。②合理轮作。提倡水旱轮作或与葱蒜轮作1～2年。③药剂防治。参照“大豆炭疽病”。

受害植株茎部和豆荚均具紫红色病斑

湿度大时，茎基部病斑产生粉红色黏状物

豇豆轮纹病

豇豆轮纹病也称豇豆棒孢叶斑病，是豇豆常见病害，在各豇豆种植区均有发生。

为害症状

豇豆轮纹病主要为害叶片、茎蔓和豆荚。

叶片染病，初生浓紫色近圆形小斑点，中间颜色较边缘深，病斑四周具黄色晕圈；后期病斑呈明显同心轮纹。多斑融合时，在叶脉上发生褐色或深褐色局部坏死斑。天气潮湿时，叶背面病斑上常产生灰色霉状物，发病严重

叶片正面病斑多呈圆形，具明显同心轮纹

时，导致大量落叶。

茎染病，初生深褐色不规则形条斑，后绕茎蔓扩展。

豆荚染病，病斑呈紫褐色，具同心轮纹，病斑数量多时豆荚呈赤褐色。

发生特点

此病由真菌界子囊菌门山扁豆生棒孢 *Corynespora cassiicola*（Berk. & M.A. Curtis）C.T. Wei侵染引起。病菌以菌丝体在种子或病残体内越冬，翌年产生分生孢子，借气流传播侵染，继而在病部产生分生孢子，进行再侵染。

病菌喜温暖、高湿的环境。适宜发病的温度范围为20～38℃；最适发病温度为25～33℃，相对湿度95%以上。多发生在豇豆开花结荚后，此时植株生长衰弱、缺肥，易发病。

叶片背面病斑扩大为梭形的红褐色病斑

病斑具明显同心轮纹（与煤霉病混发）

叶片背面圆形或梭形轮纹状病斑，病斑表面可见稀疏菌丝

防治要点

①与非豆科作物实行2～3年轮作。②清洁田园。病情发生严重的地块，收获后收集残株落叶带出田外集中销毁。③药剂防治。可选用60%百泰(唑醚·代森联)水分散粒剂1500倍液，或80%大生M-45（代森锰锌)可湿性粉剂600倍液，或70%品润(代森联)水分散粒剂600倍液，或250克/升阿米西达(嘧菌酯)悬浮剂1000倍液，或70%安泰生(丙森锌)可湿性粉剂600～800倍液，或46%可杀得叁千(氢氧化铜)水分散粒剂800倍液，或47%加瑞农(春雷·王铜)可湿性粉剂700倍液等喷雾防治，每隔7～10天喷1次，连续防治2～3次。

豇豆菌核病

豇豆菌核病在我国普遍发生，分布范围广。

为害症状

豇豆菌核病主要为害近地面的茎基部和茎蔓，也可为害叶片和豆荚。茎基部染病，病斑呈灰白色，逐渐引起全株枯萎，剖开病茎可见鼠粪状菌核。豆荚染病，初期为水渍状，后逐渐变成灰白色，田间湿度大时长出白色棉絮状菌丝，后期菌丝互相缠绕，生成黑色鼠粪状菌核。

发生特点

参见“大豆菌核病”。

防治要点

参照“大豆菌核病”。

田间湿度大时，病部长出白色棉絮状菌丝

豇豆病毒病

豇豆病毒病是豇豆的系统性病害之一，在我国华东、东北、西北等豇豆种植区均有发生。

为害症状

豇豆病毒病在豇豆整个生育期都能发病，多表现为系统性症状，叶片、花器、豆荚均可受害。植株受害后，上部叶片褪绿，形成黄绿相间的花斑，叶片扭曲畸形，叶缘反卷，叶形缩小；植株生长受抑制，株形矮小；花朵稀少，花器畸形；开花结荚明显减少，豆荚瘦小细短，出现褐色的坏

受害植株生长受抑制，株形矮小

上部叶片受害，不规则褪绿，形成黄绿相间的花斑，叶片扭曲畸形

死条纹。幼苗期发病，表现为植株矮缩，新生叶片偏小、皱缩甚至死亡。

发生特点

此病主要由黑眼豇豆花叶病毒（blackeye cowpea mosaic virus，简称BlCMV）、黄瓜花叶病毒（cucumber mosaic virus，简称CMV）、豇豆蚜传花叶病毒（cowpea aphid-borne mosaic virus，简称CABMV）和蚕豆萎蔫病毒（broad bean wilt virus，简称BBWV）等4种病毒引起，可单独侵染为害，也可2种或2种以上复合侵染。病毒主要吸附在豆类作物的种子上越冬，也可在越冬的豆科作物上或随病株残余组织遗留在田间越冬，成为翌年的初侵染源。播种带毒种子，出苗后即可发病；生长期病毒主要通过蚜虫传毒、植株间汁液接触以及农事操作传播至豇豆，从伤口侵入，进行多次再侵染。

受害叶片扭曲畸形，叶形缩小

病毒喜高温、干旱的环境，其发育的温度范围为15～38℃，最适宜发病的气候条件为温度20～35℃，相对湿度80%以下。发病潜育期为10～15天。持续高温干旱或蚜虫大发生时，病害易发生与流行。

长江中下游地区豇豆病毒病的发病盛期在5－10月。年度间以春、秋季气温偏高、少雨或蚜虫为害严重的年份发病重。栽培管理粗放、农事操作不规范、多年连作、地势低洼、缺肥、缺水、氮肥施用过多的田块发病重。

防治要点

参照“大豆病毒病”。

受害植株叶片褪绿，形成黄绿相间的花斑

受害叶片背面症状

菜豆锈病

菜豆锈病是菜豆生长中后期的常见病害，在各蔬菜种植区发生普遍。发病严重时，叶片干枯脱落，影响菜豆的产量和品质。

发病初期，叶面出现黄白色小斑点

为害症状

菜豆锈病主要为害叶片，也可为害茎和豆荚。

叶片染病，初期在叶背或叶面产生黄白色小斑点，逐渐扩大隆起形成近圆形的黄褐色疱斑，后期病斑中央突起呈暗褐色（病菌的夏孢子堆），周围具黄色晕圈，表皮破裂后散发出红褐色粉末状的夏孢子。发病严重时，整张叶片布满夏孢子堆形成的椭圆形或不规则形的锈褐色病斑，引起受害叶片枯黄脱落。发病后期，病斑上的夏孢子堆转变为黑色冬孢子堆，表皮破裂后散发出黑褐色粉末状的冬孢子。

叶面病斑逐渐扩大隆起，形成近圆形黄褐色疱斑

茎染病，初始产生褪绿斑，扩大后形成褐色的长条状疱斑，后

期转为黑色或黑褐色的冬孢子堆。

豆荚染病，产生突出的暗褐色疱斑，表皮破裂后散发出锈褐色的粉末状物。

菜豆锈病叶背锈孢子堆，呈隆起状

疱斑中央的隆起呈暗褐色，表皮破裂后散发红褐色粉末

菜豆锈病后期叶背症状

发病严重时，叶片布满夏孢子堆形成的椭圆形或不规则形的锈褐色病斑

发生特点

发病后期，病斑上的夏孢子堆转变为黑色冬孢子堆，表皮破裂后散发出黑褐色粉末状的冬孢子

此病是由真菌界担子菌门疣顶单胞锈菌 *Uromyces appendiculatus* F. Strauss 侵染引起。病原菌以冬孢子随病残体在土壤中越冬。翌年春季，环境条件适宜时，冬孢子萌发产生担子和担孢子，担孢子通过气流传播至菜豆叶片，产出芽管，由叶面气孔直接侵入，引起初侵染，经9～12天潜育后出现病斑，后在病部形成夏孢子，借助气流进行再侵染，直到秋季产生冬孢子越冬。

病菌喜温暖、潮湿的环境，适宜发病的温度范围为20～32℃，最适宜发病的气候条件为温度23～27℃，相对湿度95%以上。菜豆的最易感病生育期为开花结荚期到采收中后期，发病潜育期为9～12天。遇多雾和多雨的天气，结露持续时间长，此病易流行。

长江中下游地区菜豆锈病的主要发病盛期在5—10月。年度间以夏、秋季高温多雨的年份发病重，多年连作、地势低洼、排水不良、种植过密、通风透光差的田块发病重。

防治要点

参照“豇豆锈病”。

菜豆轮纹病

菜豆轮纹病是菜豆的一种常见病害。该病分布广泛，在鲜荚采收期发生较多，在生产上造成的损失较小。

为害症状

主要为害叶片、茎和豆荚。

叶片染病，初生浓紫色近圆形小斑点，中间颜色较边缘深，外围具黄

叶正面具近圆形轮纹状病斑

叶背具近圆形轮纹状病斑

色晕圈；后期病斑呈明显同心轮纹。多斑融合时，在叶脉上发生褐色或深褐色局部坏死斑。天气潮湿时，叶背面病斑上常产生灰色霉状物，发病严重时，导致大量落叶。

茎染病，初生深褐色不规则形条斑，后绕茎扩展。

豆荚染病，病斑呈紫褐色，具同心轮纹，病斑数量多时豆荚呈赤褐色。

发生特点

参见“豇豆轮纹病”。

防治要点

参照“豇豆轮纹病”。

菜豆灰霉病

菜豆灰霉病是菜豆的常发性病害。除为害菜豆外，还可为害豇豆、番茄、茄子、辣椒、黄瓜、瓠瓜等20多种蔬菜及其他作物。

叶片染病形成较大病斑

叶片轮纹病斑具稀疏的霉层

为害症状

菜豆灰霉病可为害植株各部位，造成叶片、茎秆、花及豆荚腐烂，在苗期和成株期均可发病。苗期，子叶染病，呈水渍状，变软下垂，最后叶缘出现清晰的白灰霉层（病菌的分生孢子梗和分生孢子）。成株期，叶片染病，在叶面形成较大的轮纹斑，后期易破裂。茎染病，多始于根须部向上11～15厘米处，病部出现云纹斑，病斑周边深褐色，中部浅棕色或浅黄色，干燥时病斑表皮破裂形成纤维状，潮湿时病斑上产生灰色霉层，有时病菌从茎分枝处侵入，使分枝处形成凹陷的小渍斑，继而萎蔫。豆荚染病，病菌先侵染败落的豆花，后扩展到豆荚，病斑初呈浅褐色，后渐变成褐色软腐状，表面产生厚密的灰色霉层。

发生特点

此病由真菌界子囊菌门灰葡萄孢*Botrytis cinerea* Pers.侵染引起。病菌为弱寄生菌，主要以菌核或以菌丝体及分生孢子随病残体在土壤中越夏或越冬，成为初侵染源。翌年菌丝在病残体上腐生并不断形成大量分生孢子，或菌核萌发产生菌丝体和分生孢子，遇适温及寄主表面有水滴时，孢子萌发产生芽管，从衰弱或枯死的组织以及伤口等处侵入，进行再侵染。越冬病菌在环境条件不适宜时，可形成大量抗逆性强的菌核；遇合适条件后，即长出菌丝直接侵染或产生孢子传播为害。病菌在田间可随病残体或借助雨水溅射、气流、灌溉水及农事操作等途径传播蔓延。

病菌喜低温、高湿的环境。分生孢子抗逆力强，自然条件下经138天仍可萌发。最适宜发病的气候条件为温度20～23℃，相对湿度95%以上。此病发生与寄主生育状况也有一定关系，如寄主衰弱，受低温侵袭后或遇适温、高湿条件就容易发病。栽培过密、温度过低、湿度过大、光照差、通风不良的田块发病重，年度间以冬春低温、阴雨天气多的年份发病重。

防治要点

①农业防治。保护地栽培采取高畦定植，地膜覆盖；加强棚室通风，降低棚内湿度；适当降低种植密度，及时摘除病叶、病荚，清除病株残体并彻底销毁；注意农事操作卫生，防止传病。②药剂防治。田间出现零星病斑时，可选用50%凯泽（啶酰菌胺）水分散粒剂1200倍液，或50%瑞镇（嘧菌环胺）水分散粒剂1500倍液，或50%卉友（咯菌腈）可湿性粉剂5000倍液，或500克/升扑海因（异菌脲）悬浮剂800倍液，或38%凯津（唑醚·啶酰菌）水分散粒剂1000倍液，或50%腐霉利可湿性粉剂1000倍液，或40%嘧霉胺悬浮剂800倍液等喷雾防治1次，每隔7～10天施用1次，连续防治2～3次，注意药剂交替使用。

菜豆白粉病

菜豆白粉病是菜豆上常见普通病害之一，对生产无明显影响。

叶片发病初期叶面白色粉状斑

为害症状

菜豆白粉病主要为害叶片，严重时也可为害蔓梢及荚果。叶片染病，初现点状白色霉斑，霉斑很快发展为白色粉斑，并融合为粉斑块，严重时覆盖整个叶片，致叶片变黄干枯、脱落。茎、荚染病，茎干缩、枯黄，荚干缩变小。早发病的蔓梢及荚果除被白粉斑覆盖外，有时还呈扭曲畸形。

发生特点

此病由真菌界子囊菌门紫云英叉丝单囊壳*Podosphaera astragali*（L. Junell）U. Braun & S. Takam、豇豆白粉菌*Erysiphe vignae* L. Kelly, L. Kiss & Vaghefi侵染引起。菜豆白粉病一般在温暖、多湿且日夜温差大的天气条件下容易发生，尤其是干、湿交替条件下，发病重。但由于病菌耐旱力特强，在高温干旱的天气亦可侵染菜豆使其致病。品种间抗病性有差异。潮湿、多雨或田间积水，植株生长茂密，易发病。

防治要点

参照“大豆白粉病”。

菜豆菌核病

菜豆菌核病是菜豆的重要病害之一，在老菜区发病率常达30%以上。

为害症状

主要为害茎和豆荚。茎、荚受害，初呈水渍状斑点，之后扩展成不规则形斑，在适宜条件下病斑上长满白色菌丝，最后形成菌核。

高湿条件下，病茎产生白色棉絮状菌丝

发生特点

参见“大豆菌核病”。

防治要点

参照“大豆菌核病”。

菜豆病毒病

菜豆病毒病是菜豆的系统性病害之一，在我国各地均有发生。为害严重时影响菜豆结荚，降低产量，甚至导致毁灭性损失。

为害症状

菜豆病毒病为害植株多表现为系统性症状。植株受害后，叶片皱缩、扭曲、畸形，并出现明脉、褪绿带、斑驳或绿色部分凹凸不平等症状；植株生长受抑制，株形矮小；开花迟缓或落花，开花结荚明显减少；豆荚短小，有时出现绿色斑点。

植株受害后，叶片皱缩畸形

发生特点

此病主要由菜豆普通花叶病毒（bean common mosaic virus，简称BCMV）、黄瓜花叶病毒（CMV）、菜豆黄花叶病毒（bean yellow mosaic virus，简称BYMV）、蚕豆萎蔫病毒（BBWV）等病毒单独或混合侵染引起。病原主要来源于种子，主要靠蚜虫传播，也可由病株汁液摩擦及农事操作传播。种子带毒，植株在出苗后就会表现为害症状。田间多发生混合侵染而产生不同症状。高温干旱、蚜虫大量发生是病毒病发生的重要条件。年度间以春季和秋季温度偏高、少雨、蚜虫为害重的年份发病重。栽培管理粗放、农事操作不规范、多年连作、地势低洼、缺肥、缺水、氮肥施用过多的田块发病重。

防治要点

参照“大豆病毒病”。

蚕豆赤斑病

蚕豆赤斑病是一种世界性病害，仅为害蚕豆，在我国各蚕豆产区均有发生，特别是长江流域地区和长江以南各省发生极为普遍。一般不会造成太大的损失，但病害严重时，可引起大量早期落叶，显著降低产量。

为害症状

蚕豆赤斑病主要为害叶片、茎、花、豆荚和种子。

叶片染病初期，产生赤色小点

叶片染病，初生赤色小点，后逐渐扩大为直径2～4毫米近圆形或不规则形病斑，中央赤褐色、略凹陷，边缘深褐色、稍隆起，病、健部交界明显，病斑密布于叶片两面。干燥时，病斑止于圆形或条斑，不再扩大。在持续阴湿的气候条件下，病斑会迅速扩大融合，最后整叶逐渐变黑死亡，并引起落叶，随后植株各部变成黑色，遍生黑霉，致使全株枯死。

病斑中央赤褐色，略凹陷；周缘浓褐色，稍隆起

茎和叶柄染病，初始出现赤色小点，后扩展为边缘为深赤褐色的条斑，表皮破

裂后形成长短不等的裂缝。花染病，遍生棕褐色小点，扩展后花冠变褐枯萎。豆荚染病，呈赤褐色斑点。种子染病，种皮上出现小红斑。

发生特点

此病主要由真菌界子囊菌门蚕豆葡萄孢 *Botrytis fabae* Sardiña、灰葡

叶片正面病斑呈近圆形或不规则

发病后期，病斑密布叶片

病斑扩大，病健交界处明显

受害豆荚生赤褐色斑点

茎部受害，病斑扩展呈边缘为深赤褐色的条斑

萄孢*B.cinerea* Pers.或拟蚕豆葡萄孢*B. fabiopsis* J. Zhang, M.D. Wu & G.Q. Li侵染引起。病菌以菌核随病残体在土表越冬或越夏。菌核遇适宜条件时，萌发长出分生孢子梗和分生孢子，通过气流传播进行初侵染。病部产生新生代分生孢子，借助风雨传播，进行多次再侵染。

允许病菌分生孢子侵染的温度最高可达30℃，最低为1℃。最适宜发病的气候条件为温度20℃，相对湿度85%以上。蚕豆赤斑病最主要的诱发因素为湿度，孢子须在湿度饱和、寄主表面具水膜的条件下才能萌发和侵入。从萌发到侵入，20℃时仅需8～12小时，而5℃时则需3～4天。黏重或排水不良的酸性土及缺钾的连作田发病重，地势低洼、植株过密的田块发病重。

防治要点

①农业防治。选择抗病品种，高畦深沟栽培，雨后及时排水，增施草木灰或磷、钾肥，实行2年以上轮作。收获后及时清除病残体并集中销毁。②种子处理。播前用种子重量0.3%的50%多菌灵可湿性粉剂拌种。③药剂防治。参照“菜豆灰霉病”。

蚕豆黑斑病

叶片叶缘病斑具不明显轮纹

叶片正面具轮纹病斑

叶片背面具轮纹病斑

蚕豆黑斑病为蚕豆的普通病害，分布广泛，重病地块能明显影响产量。除为害蚕豆外，还可为害多种其他豆科作物。

为害症状

蚕豆黑斑病主要为害叶片、茎和豆荚。

叶片染病，多从叶尖或叶缘开始，初期形成半椭圆形或近圆形的褐色坏死小斑，并迅速向外围发展成不规则大型斑，灰褐色发展至黑褐色，具不明显的轮纹。空气潮湿时，病斑两面产生黑色绒状霉层（病菌的分生孢子梗和分生孢子），病叶随病害发展而腐烂。空气干燥时，病叶干枯、扭卷，可在短时间内枯死脱落。

茎染病，形成淡褐色纺锤形稍凹陷病斑，病斑可上下扩展融合，造成茎秆枯褐。

豆荚染病，表面出现黑色小点，后病部逐渐扩大并向内部扩展，在豆荚表面形成黑褐色大片病斑，偶形成

叶尖或叶缘出现半椭圆形或近圆形褐色病斑

病斑有时呈不规则形

茎秆淡褐色纺锤形稍凹陷病斑

茎秆整体受害情况

黑色突起颗粒。

发生特点

此病由真菌界子囊菌门互隔链格孢*Alternaria alternata*（Fr.）Keissler、细极链格孢*Alternaria tenuissima*（Kunze）Wiltsh.侵染引起。病菌以菌丝体

或分生孢子在病部或随病残体遗落在土壤内越冬，南方病菌可在寄主上为害过冬。环境条件适宜时，分生孢子通过气流或雨水等进行传播，引起初侵染，然后病部产生大量新生代分生孢子进行多次重复侵染。温暖、潮湿的环境及蚕豆生长期间多阴雨并伴微风时有利于发病。

防治要点

①收获后及时清除病残组织，并集中销毁。②合理施肥，适当密植，增施磷、钾肥，生长期间避免脱肥和田间积水，提高植株抗病力。③药剂防治。在发病初期，可选用20%美甜（氟酰羟·苯甲唑）悬浮剂750～1000倍液，或47%加瑞农（春雷·王铜）可湿性粉剂600倍液，或500克/升扑海因（异菌脲）可湿性粉剂1200倍液，或50%速克灵（腐霉利）可湿性粉剂1500～2000倍液等喷雾防治，每隔10～15天施用1次，连续防治2～3次。

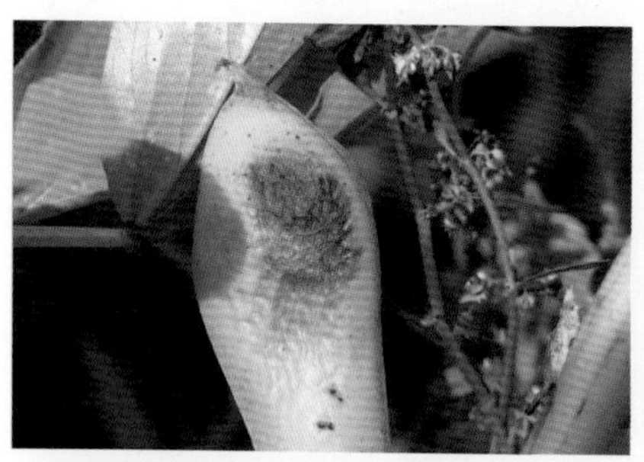
受害病荚病斑黑褐色，凹陷状坏死

黑褐色病斑累及整个豆荚

豆荚上偶见黑色突起颗粒

蚕豆灰霉病

蚕豆灰霉病是蚕豆的重要病害，在我国各地均有发生。除为害蚕豆外，还可为害茄子、甜(辣)椒、黄瓜、生菜、芹菜、草莓等作物。

从叶缘侵入，病斑“V”形，表面着生灰色霉状物

为害症状

主要为害叶，也能为害茎、花和豆荚。苗期至成株期均可发生。叶片染病，从下部叶片始，后向上发展，在叶片上形成半圆形或“V”形大斑，边缘暗褐色，逐渐扩展至全叶。湿度大时，病斑表面产生灰色霉层。

发生特点

参见“菜豆灰霉病”。

防治要点

参照“菜豆灰霉病”。

从叶缘侵入，病斑半圆形，表面着生灰色霉状物

蚕豆菌核病

蚕豆菌核病是蚕豆病害之一，大发生年份产量损失大。

叶片病斑处灰白色菌丝

为害症状

蚕豆菌核病主要为害茎和豆荚。

茎染病，主要在茎基部和茎分杈处，初始产生水浸状斑，扩大后病部呈灰白色且绕茎一周，皮层组织软腐纵裂，缢缩，呈纤维状，病部以上茎蔓和叶凋萎枯死。田间湿度高时，病部密生白色棉絮状菌丝，茎秆内髓部受破坏，腐烂而中空，剥开可见白色菌丝体和黑色菌核。菌核鼠粪状，圆形或不规则形，早期为白色，后外部变为黑色，内部仍为白色。

茎秆病斑处灰白色菌丝

豆荚染病，初在豆荚上产生水浸状病斑，病部扩大后呈灰绿色软腐状，田间湿度高时，病荚上密生一层白色棉絮状菌丝体。

剖开病茎可见白色棉絮状菌丝

发生特点

此病由真菌界子囊菌门核盘菌*Sclerotinia sclerotiorum*（Lib.）de Bary和三叶草核盘菌*S. trifoliorum* Eriksson侵染引起。病菌以菌核在豆田内越冬，翌年春天当气温达15～18℃或以上及空气比较潮湿时，在菌核上形成子囊盘与子囊孢子。子囊孢子散射后侵染四周植株，其散射时间可持续1个月左右。子囊孢子散发不能直接侵入健全植株，而是萌芽后在茎基枯叶或土壤表面形成大量菌丝体，这些菌丝与寄主接触，在寄主外部生长蔓延，削弱寄主的生长势，然后在适合的环境条件下侵入寄主。

年度间早春温度偏高、多雨或梅雨期间多雨的年份发病重；秋季多雨、多雾的年份发病重；田块间多年连作、地势低洼、排水不良或因寒流侵袭受冻的田块发病较重；栽培上种植过密、通风透光差、氮肥施用过多、植株生长不健的田块发病重。

防治要点

参照“大豆菌核病”。

蚕豆锈病

叶片上少数病斑

病斑扩大或增多，呈红褐色突起疱状斑

蚕豆锈病分布广泛，在我国长江流域发生普遍，一般导致减产10%～30%。我国北方地区零星发生，对产量影响较轻。

为害症状

蚕豆锈病主要为害叶片，也能为害叶柄、茎秆和豆荚。叶片染病，先出现黄白色斑点，不久变为红褐色近圆形的突起疱状斑，外围常有黄色晕圈。后病斑扩大，表皮破裂，散出红褐色粉末（夏孢子）。发病后期或寄主接近衰老时，夏孢子堆转变为黑色的冬孢子堆，或在叶片上长出冬孢子堆。叶脉上产生夏孢子堆或冬孢子堆时，叶片变形早落。

叶片表皮破裂，散出红褐色粉末

蚕豆锈病田间为害状

发生特点

此病由真菌界担子菌门蚕豆单胞锈菌*Uromyces viciae-fabae*（Pers.）J. Schröt侵染引起。病菌一般以冬孢子在病株残体上越冬，翌年3—4月冬孢子萌发产生担孢子，通过气流传播，侵害寄主叶片，接着在寄主组织内先后形成性孢子器及锈子器。锈孢子成熟，随风飞散，落于邻近寄主叶、茎等感病部位，侵入后约经1周，即形成夏孢子堆。夏孢子再通过气流传播，进行重复侵染。在15～24℃温度范围内，若遇上阴雨连绵的天气，则发病重。

蚕豆品种间感病性有显著差异。一般早熟品种生育期短，易于发病的生长时期相对较短，且在开花前后，自然界病原数量少，特别是夏孢子形成数量不多，再次侵染的机会较少，因而发病较轻。迟熟品种生育期长，开花结荚期正逢雨季，夏孢子的数量多，增加被害的机会。由于上述原因，播种期的迟早足以影响发病程度，早播的病轻，迟播的病重。湿度和发病关系密切。春季阴雨连绵，发病严重；低洼积水的田块发病比排水良好的田块严重；水田种植蚕豆，发病比旱地严重。一般靠近地面的茎、叶往往因湿度大，阳光不足，空气不流通，雨后叶子表面不易干燥，有利于孢子的萌发和侵入，因而往往发病较早且重。

防治要点

参照“豇豆锈病”。

扁豆褐斑病

扁豆褐斑病是扁豆常见病害之一。

为害症状

扁豆褐斑病主要为害叶片。叶片染病，病斑大小不等，直径为3～10毫米，有少数较大，呈深紫褐色，后中央变为灰褐色，并穿孔破裂。湿度大时，病斑上生灰黑色霉层（病菌的分生孢子梗和分生孢子）。

染病后期，病斑中央变为灰褐色，易穿孔破裂

发生特点

此病由真菌界子囊菌门菜豆假尾孢*Pseudocercospora cruenta*（Sacc.）Deighton侵染引起。病菌以子座组织在病残体上越冬。翌年环境条件适宜时，以分生孢子借助风雨传播，进行初侵染和再侵染。一般高温多雨天气、重茬的田块发病重。

防治要点

参照“豇豆煤霉病”。

扁豆白星病

扁豆白星病是扁豆主要病害之一，分布广泛。夏、秋季露地栽培发病较重，通常株发病率高达60%～80%。

为害症状

扁豆白星病主要为害叶片。叶片染病，初现紫红色小斑点，后扩展成浅褐色近圆形或不规则形斑点，后期病斑中央灰白色，边缘暗紫色，外围常具黄色晕圈，表面产生小黑点（病菌的分生孢子器）。严重时叶片上病斑密布，相互连接成不规则形大斑，最终导致叶片坏死干枯。

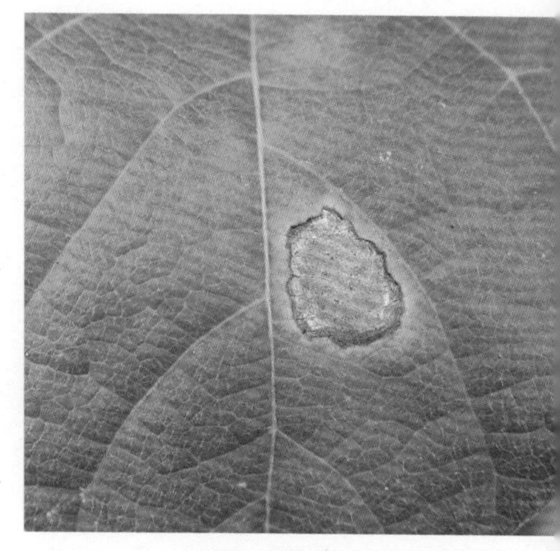

病斑灰白色圆形或不规则形

发生特点

此病由真菌界子囊菌门豆类叶点霉*Phyllosticta phaseolina* Sacc.侵染引起。病菌以分生孢子器和子囊壳随病残体越冬。翌年环境条件适宜时，产生分生孢子或子囊孢子，借助风雨传播至寄主作物形成初侵染，发病后病部产生新生代分生孢子，进行多次再侵染，致使病害扩展蔓延。

病菌喜高温、高湿的环境，最适宜发病的气候条件为温度24～30℃，相对湿度85%以上。多雨、多露的天气容易发生流行。

防治要点

参照“豇豆煤霉病”。

扁豆角斑病

扁豆角斑病是扁豆的常见病害之一，一般年份对产量影响不大。

为害症状

扁豆角斑病主要为害叶片。叶片染病，产生多角形病斑。病斑长5～8毫米，由灰色渐渐变成灰褐色，湿度大时可见叶背簇生灰紫色霉层（病菌的分生孢子梗和分生孢子）。

叶片染病，产生多角形病斑，长5～8毫米，初为灰色，后呈灰褐色

湿度大时，叶背簇生灰紫色霉层

角斑病田间为害状

发生特点

此病由真菌界子囊菌门灰假尾孢 *Pseudocercospora griseola* (Sacc.) Crous & U. Braun 侵染引起。病菌以菌丝体或分生孢子在种子上越冬。翌年环境条件适宜时，产生分生孢子在叶片引起初次侵染，而后病部产生的分生孢子进行多次再侵染，加重为害。扁豆角斑病一般发生在开花期后，通常秋季发病较重。

防治要点

①种子处理。播前可用45℃的温水浸种10分钟。②药剂防治。参照“豇豆煤霉病”。

豌豆炭疽病

豌豆炭疽病是豌豆常见病害，分布较广，发生普遍且较重，多在夏、秋季发病，对产量和质量均有很大影响。

为害症状

成株期主要为害茎及荚，也为害叶片或叶柄。茎染病，病斑近梭形或椭圆形，中央浅褐色，边缘暗褐色，略凹陷；豆荚上的病斑初为暗褐色，后形成边缘黑褐色、稍隆起、中部下陷的溃疡斑，病荚不能正常发育。叶片染病，病斑圆形或椭圆形，边缘深褐色，中间暗绿色或浅褐色。

豆荚暗褐色凹陷溃疡斑

发生特点

此病由真菌界子囊菌门平头刺盘孢 *Colletotrichum truncatum* (Schwein.) Andrus & W.D. Moore侵染引起。病原以菌丝体或分生孢子在病残体内或潜伏在种子里越冬。翌春条件适宜时，带病种子直接侵入幼苗使豆苗发病，或以分生孢子通过气流或雨水飞溅进行初侵染和再侵染。此病主要发生在春、夏两季高温多雨时期，随连阴雨日增多而扩展。高温、高湿有利于发病。低洼地、排水不良、植株生长衰弱时，发病重。

防治要点

参照“大豆炭疽病”。

豆荚螟

学名 *Etiella zinckenella*（Treitschke）

别名 大豆荚螟、豆蛀虫、豆荚蛀虫、豆荚斑螟等

豆荚螟属鳞翅目螟蛾科，是大豆的主要害虫之一，尤以春播、夏播大豆受害最重。除大豆外，豆荚螟还为害豌豆、绿豆、扁豆、豇豆等豆科植物。在我国自东北南部至台湾都有分布，以华东、华中、华南发生量大。

形态特征

成虫 体长10～12毫米，翅展20～24毫米，体色灰褐。触角丝形，雄虫鞭节基部有1丛灰白色鳞毛。前翅狭长，从肩角至翅尖近前缘处有1条明显白色纵带，近翅基1/3处有1条金黄色宽横带，带内有较厚且色深的方鳞片。后翅黄白色，沿外缘有褐纹1条。雄蛾腹部末端圆钝，具长鳞毛丛；雌蛾腹部锥形，鳞毛较少。

豆荚螟老熟幼虫

卵 椭圆形，长约0.5毫米，卵壳表面密布不规则的网状突起。初产时乳白色，1天后变黄色，后又转成肉红色，近孵化时为浅土黄色，尖端出现黑点。

幼虫 共5龄。老熟幼虫体长14～18毫米，初孵时橘黄色，渐转成白色至绿色，老熟时背面紫红色、腹面绿色，结茧后又变为黄绿色。1～3龄前胸盾具黑色“山”形纹，4～5龄前胸盾中央有

"人"字形黑纹，近后缘中央还有2个黑斑。

蛹 长椭圆形，长约14毫米，宽约7毫米，黄褐色，羽化前2天颜色加深。腹部末端圆钝，有6根钩刺，长约10毫米，宽约3毫米。外被白色丝质茧，表面常黏附土粒。

发生特点

豆荚螟为害豇豆花

豆荚螟在浙江、江苏、安徽、湖北等地年发生4～5代，辽宁、陕西等地年发生2代，山东、河北等地年发生3～4代，广东、广西等地年发生7代。多以老熟幼虫在寄主植物附近或晒场周围的土表下1～5厘米处结茧越冬。翌年3月下旬越冬幼虫开始化蛹，4月上中旬陆续羽化。在杭州，4—5月即可见幼虫为害豌豆，以后为害大豆。为害方式以幼虫在豆荚内蛀食籽粒为主，一般造成10%～30%的虫荚率，为害轻者不能食用，重者籽粒全被食空。7—9月是为害高峰。

成虫飞翔力弱，具趋光性。白天栖息于豆株叶背、茎上或杂草上，傍晚开始寻偶、交尾、产卵活动。羽化后当日就可交尾，隔日开始产卵，偏好在豆荚多毛的品种上产卵。在大豆上卵多散产于豆荚，以上中部膨粒前期的豆荚上最多；未结荚时，也可产在幼嫩的叶柄、花柄、嫩芽及嫩叶背面等处。在豌豆上卵多产于荚的萼片内。产卵时分泌黏液，将卵斜插在荚毛之间。一般每荚产卵1～3粒，最多可达10多粒，每雌平均可产卵50～90粒，多的可达200余粒。卵多在白天孵化，初孵幼虫在荚面爬行1～3

豆荚螟为害豇豆豆荚

豆荚螟为害大豆嫩茎

小时后吐丝作约1毫米长的白色小囊，藏身囊内，仅伸出头部钻蛀，根据豆荚老嫩的不同，经40～100分钟即可蛀入荚内，少数幼虫能蛀入嫩茎为害。蛀入后随即分泌胶液封闭孔口。一般1条幼虫钻蛀1荚，荚内籽粒吃完后，也可咬一大孔外出辗转为害新荚。转荚为害的幼虫一般都在3龄以上，其蛀出孔较大，不封口，且孔外常有虫粪；蛀入孔则从里面吐丝封闭，外观呈白色，与蛀出孔极易辨别。1条幼虫一生可转荚为害1～3次，食害籽粒3～5粒，一般先为害上部豆荚，后转到下部豆荚。幼虫老熟后在荚上咬一个孔洞爬出，落至地面，潜入植株附近地下3厘米左右深处吐丝作茧化蛹，也有少数老熟幼虫从荚内爬出后，吐丝缀合两荚，结茧化蛹。

豆荚螟发育适宜的温度范围为20～35℃，最适环境条件为温度26～30℃，相对湿度70%～80%，土壤含水量10%～15%。卵、幼虫、蛹的发育起点分别为13.9℃、15.1℃、14.6℃，所需有效积温分别为67.9度·日、166.5度·日、147.1度·日。在29～30℃的温度下，卵期为3～5天，幼虫期为10～12天，蛹期为9～11天，成虫寿命为7～12天。

影响豆荚螟发生量的因素很多。豆科作物品种多和各季都有豆科作物存在的地区，由于食料丰富，豆荚螟为害比单纯种植大豆的地区要严重。大豆鼓粒前期和豆荚螟产卵盛期相吻合的田块受害重。不同的大豆品种受害轻重也不一样，一般豆荚上多毛的品种比少毛的品种受害重。此外，豆荚螟化蛹期内，如土壤湿度很大或雨水多时，土中蛹死亡率增高，发生量减少。

防治要点

①农业防治。选用结荚期短、荚上无毛或少毛的抗性品种。调整播期，错开豆荚螟产卵盛期。避免豆科作物多茬口混种及连作。②药剂防治。大豆初荚期，当田间蛀荚率达6%～7%时，可选用10%倍内威（溴氰虫酰胺）可分散油悬浮剂1500倍液，或150克/升凯恩（茚虫威）乳油1000倍液，或10%除尽（虫螨腈）悬浮剂1500倍液，或50克/升美除（虱螨脲）乳油2000倍液等喷雾防治，每隔7～10天施用1次，连续防治2次。注意交替用药。

豆卷叶螟

学名 *Omiodes indicata*（Fabricius）

别名 豆卷叶虫、豆蚀叶野螟、豆三条野螟

豆卷叶螟属鳞翅目螟蛾科，主要为害大豆、豇豆、菜豆、扁豆、绿豆、赤豆等豆科作物，是豆类作物的主要害虫之一。其分布于我国浙江、江苏、江西、福建、台湾、广东、湖北、四川、河南、河北、内蒙古等地，长江以南发生较重。

形态特征

成虫 体长10毫米，翅展18～21毫米，体黄褐色，胸部两侧有黑纹。前翅黄褐色，外缘黑色，翅面生有黑色鳞片，翅中有3条黑色波状横纹，内横线外侧有黑点。后翅外缘黑色，有2条黑色波状横纹，展翅时与前翅内、外横线相连。

豆卷叶螟成虫

卵 椭圆形，长0.53～0.82毫米，初产时浅绿色，呈透明状，孵化前呈淡褐色。

幼虫 共5龄。老熟幼虫体长15～17毫米，头部及前胸背板浅黄色，单眼，口器褐色，胸部浅绿色；前胸侧板具1个黑色斑，胸、腹部浅绿色，气门环黄色；沿各节的亚背线、气门上下线及基线处具小黑纹，体表密布

豆卷叶螟低龄幼虫

豆卷叶螟高龄幼虫

细毛。1龄幼虫个体小，长1毫米左右；1～2龄幼虫乳白色，3～4龄幼虫体色逐渐变绿，老熟幼虫体黄绿色。

蛹 长约12毫米，纺锤形，初蛹整体浅绿色，后逐渐变深，最后呈褐色。蛹被近椭圆形白色的极薄丝质茧，长约17毫米。

豆卷叶螟蛹

发生特点

豆卷叶螟以为害大豆为主，在浙江年发生2～3代，南方地区年发生4～5代，以蛹在残株落叶内越冬。浙江地区豆卷叶螟通常在5月上中旬羽化，8—10月为发生盛期，11月前后以老熟幼虫在残株落叶内化蛹越冬。

成虫昼伏夜出，具趋光性，但对黑光灯的趋光性较弱。多在傍晚后交尾，交尾后可多次产卵，大多在傍晚或清晨产卵。成虫喜在生长茂密的豆田产卵，散产于叶背，特别是叶脉两侧。每雌平均产卵40～70粒，最多可

豆卷叶螟幼虫为害状

产400粒。幼虫孵化后即吐丝卷叶或缀叶潜伏在卷叶内取食，生性活泼，受惊时迅速倒退，老熟后可在其中化蛹，也可在落叶中化蛹。

豆卷叶螟生长发育的温度范围为18～37℃，最适宜发生的气候条件为温度22～34℃，相对湿度75%～90%。室温条件下，卵期为4～7天，幼虫期为8～15天，蛹期为5～9天，成虫寿命为7～15天。

防治要点

①农业防治。采后及时清除田间的枯枝落叶，在幼虫发生期结合农事操作人工摘除卷叶带出田外集中处理或捏死卷叶中的幼虫。②药剂防治。在各代发生期，田间有3%～5%的植株有卷叶为害时开始喷雾防治，每隔7～10天施用1次，连续防治2次。防治药剂参照“豆荚螟”。

豆野螟

学名 *Maruca vitrata* Fabricius

别名 豇豆野螟、豇豆钻心虫、豆荚野螟、豆螟蛾等

豆野螟属鳞翅目螟蛾科，主要为害豇豆、菜豆、扁豆、大豆、豌豆、蚕豆等豆科作物。分布范围很广，北起我国吉林、内蒙古，南至我国台湾、广东、广西、云南等均有分布，尤以长江以南地区发生严重。

豆野螟成虫

形态特征

成虫 体长约13毫米，翅展24～26毫米，暗黄褐色。前翅黄褐色，前缘色较浅，在中室端部有1个白色透明斑，中室内及中室下方各有1条白色透明的小斑纹。后翅白色半透明，内侧有暗棕色波状纹。

卵 椭圆形，扁平，长约0.6毫米，宽约0.4毫米，初产时浅黄绿色，后变成浅黄色。表面有六角形网状纹，有光泽。

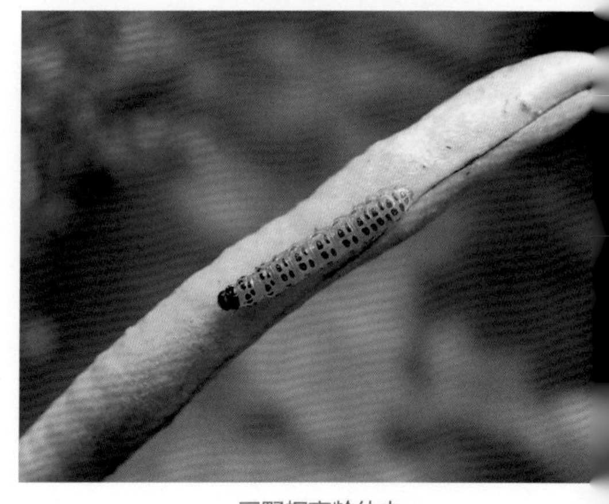

豆野螟高龄幼虫

幼虫 共5龄。老熟幼虫体长约18毫米，黄绿色。头部及前胸背板褐色。中、后胸背板上有黑褐色毛片

6个，排列成两排，前列4个较大，各具2根刚毛，后列2个较小，无刚毛。腹部各节背面也具有6个同样的毛片，但各毛片只有1根刚毛。

蛹 体长11～13毫米，黄褐色，复眼红褐色，羽化前在褐色翅芽上可见到成虫前翅的透明斑点。外被白色薄丝茧，长18毫米，宽8毫米。

发生特点

在我国，豆野螟年发生代数各地不同，在西北各省为4～5代，河南、江苏为5代，上海为4～5代，武汉、南昌为5～6代，福建、台湾为6～7代，杭州为7代，广东为9代。每年6—10月为幼虫为害期。浙江杭州于5月下旬至6月上旬始见成虫，7—8月为害最为严重，9月以后为害减轻，10月下旬至11月上旬幼虫入土，以预蛹越冬。

成虫白天隐藏在植株的隐蔽处，趋光性较弱，以夜间活动为主。成虫寿命为7～12天不等。卵散产或多粒产，每雌产卵80粒左右，大部分卵产在含苞欲放的花蕾或花瓣上。初孵幼虫随即蛀入花蕾进行为害，可一直在花蕾中取食，直到成为老熟幼虫，然后脱落化蛹。当被害花瓣粘在豆荚顶部或脱落后粘在豆荚上时，幼虫蛀入豆荚继续为害。幼虫有转花、荚为害的习性。3龄幼虫开始从蛀入孔排出大量的粪便，若遇雨天容易引起腐烂。

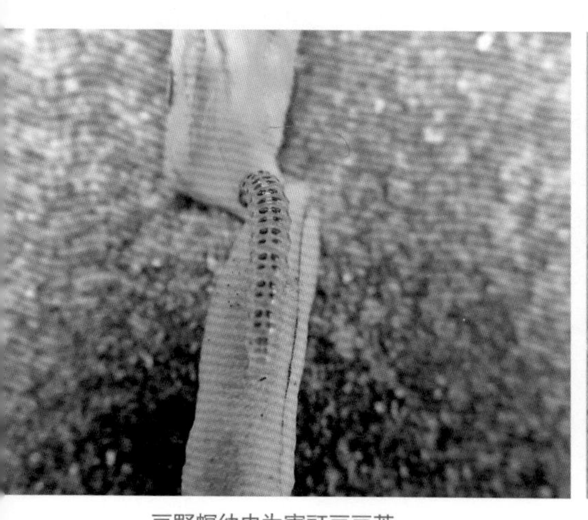

豆野螟幼虫为害豇豆豆荚

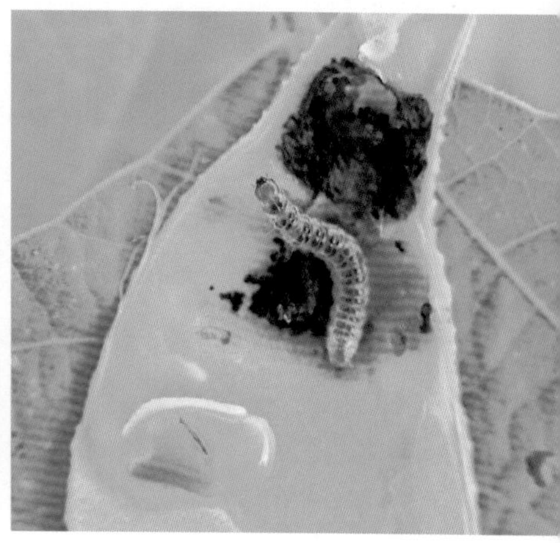

豆野螟幼虫为害扁豆豆荚

豆野螟幼虫为害豇豆花

适宜豆野螟发育的温度范围为15～36℃，最适宜发生的气候条件为温度25～30℃，相对湿度80%左右。在杭州，7—8月高温季节，卵期为2～3天，幼虫期为6～8天，蛹期为7～9天；在6—10月，整个发育期需25～30天。

防治要点

①农业防治。选用抗虫品种，及时清除田间落花、落荚，并摘除被害的豆荚；保护地可采用防虫网覆盖，播种前深翻一次土壤，可有效隔离多种害虫为害。②药剂防治。花期挑治，从第1次花期开始喷雾防治，每隔5～7天施用1次，连续防治2～3次，重点喷施花蕾、嫩荚和落地花，用药时间宜在10：00前豆花盛开时或傍晚。防治药剂参照“豆荚螟”。

豆小卷叶蛾

学名 *Matsumuraeses phaseoli*（Matsumura）

豆小卷叶蛾属鳞翅目小卷蛾科，主要为害大豆、豌豆、绿豆、小豆、苜蓿、草木樨等作物。分布在我国东北、西北、华东地区及台湾等地。

形态特征

成虫 体长6～7毫米，翅展14～23毫米。雌雄异型，同性也具多型现象。雌蛾前翅褐色，斑纹不明显，前缘近顶角处灰白色，外缘顶角下陷；雄蛾前翅浅褐色，基斑褐色，中室外侧有1个褐色斑点，其上方又有1个大褐斑与基斑断续相连，前缘有18～20组白色钩状纹，臀角内上方有3个小黑点呈直线排列，顶角附近也有2个小黑点，外缘前方稍凹陷；后翅灰色。

豆小卷叶蛾幼虫为害状

卵 椭圆形或圆形，长约0.65毫米，初产时黄白色，孵化前变为黄褐色，中央隆起，具网纹。

幼虫 老熟幼虫体长11～14毫米，浅黄色。头部褐色，两侧具黑色楔状纹。腹足趾钩双序全环，臀足趾钩双序缺环。第10腹节末端有黑褐色臀栉，上有齿5～8颗。

蛹 长7～9毫米，黄褐色，腹部第2～7节背面各生2列齿，腹末端有8根钩刺。

发生特点

豆小卷叶蛾幼虫为害大豆

豆小卷叶蛾幼虫为害蚕豆

豆小卷叶蛾在浙江年发生4～6代，以幼虫或蛹在豆田10厘米左右深的土层中越冬。翌年3月越冬幼虫开始化蛹，4月上旬成虫到苜蓿、草木樨等植株上产卵为害，5月下旬至6月上旬第1代成虫迁飞到春大豆田中产卵为害，7月中旬至8月中下旬第2代成虫为害夏大豆，11月后全部越冬。

成虫昼伏夜出，具趋光性。多产卵于幼苗期真叶和成株的下部叶茸间隙。初孵幼虫爬至上部幼芽或茸毛间结丝取食；2龄后转移为害叶片、花簇、豆荚等，并在叶缘、顶梢数叶、豆荚上吐丝缀合成团于其中取食，导致顶梢干枯。幼虫2龄前不活泼，3龄后受惊多迅速后退。多雨年份发生重，夏季干旱少雨时期发生轻。

防治要点

①选用抗虫品种。②药剂防治。发生初期开始用药喷雾防治，每隔10天施用1次。防治药剂参照“豆荚螟”。

波纹小灰蝶

学名 *Lampides boeticus*（Linnaeus）

别名 长尾里波灰蝶、豆波灰蝶、亮灰蝶等

波纹小灰蝶属鳞翅目灰蝶科，主要为害扁豆、豇豆、菜豆、豌豆、蚕豆等豆科蔬菜。分布于我国浙江、江西、福建、台湾、云南、湖北、陕西等地。

形态特征

成虫 体长12～14毫米，翅展30～35毫米，体咖啡色至紫色，覆盖白色长绒毛。触角黑色，节间长有白环。下唇须上面黑色，下面白色。前后翅正面褐色，具蓝紫闪光，后翅亚外缘有1列圆斑，雌蝶有1列不规则的污白斑与之平行；前后翅反面浅褐色，具多条污白色波纹。

波纹小灰蝶成虫及蛹壳

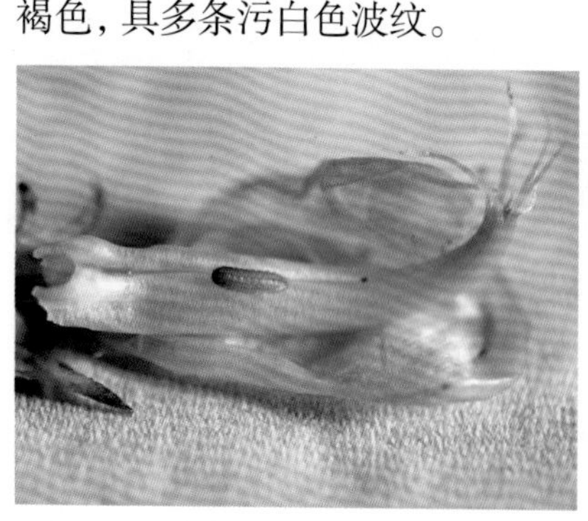

波纹小灰蝶低龄幼虫

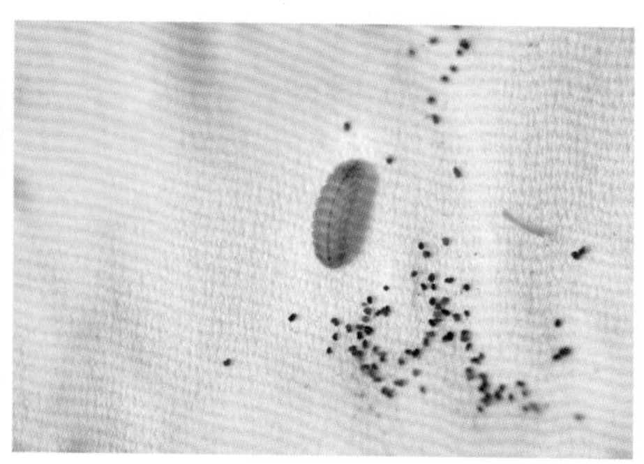

波纹小灰蝶低龄幼虫

卵 半球形，直径1～1.5毫米，浅蓝色，表面有隆起的网纹。

幼虫 共5龄，长椭圆形，腹面扁平，背面拱起。老熟幼虫长约15毫米，体紫红色或绿褐色，密布黑色粒状突起，上各有1根绒毛，体侧有不规则的斜线。头黄褐色，常缩在前胸下面。腹足短小，呈吸盘状。

波纹小灰蝶蛹

蛹 长10～12毫米，灰褐色，背线两侧各有2列深褐色斑点。

发生特点

波纹小灰蝶在浙江、上海等地年发生4～5代，世代重叠。以老熟幼虫在田间或田边落叶、残株上越冬，翌年4月初化蛹。越冬代成虫羽化后多在蚕豆上完成第1代，在豇豆、豌豆上完成第2代。8－11月是波纹小灰蝶的发生盛期，主要为害秋扁豆。

波纹小灰蝶老熟幼虫（紫红色）

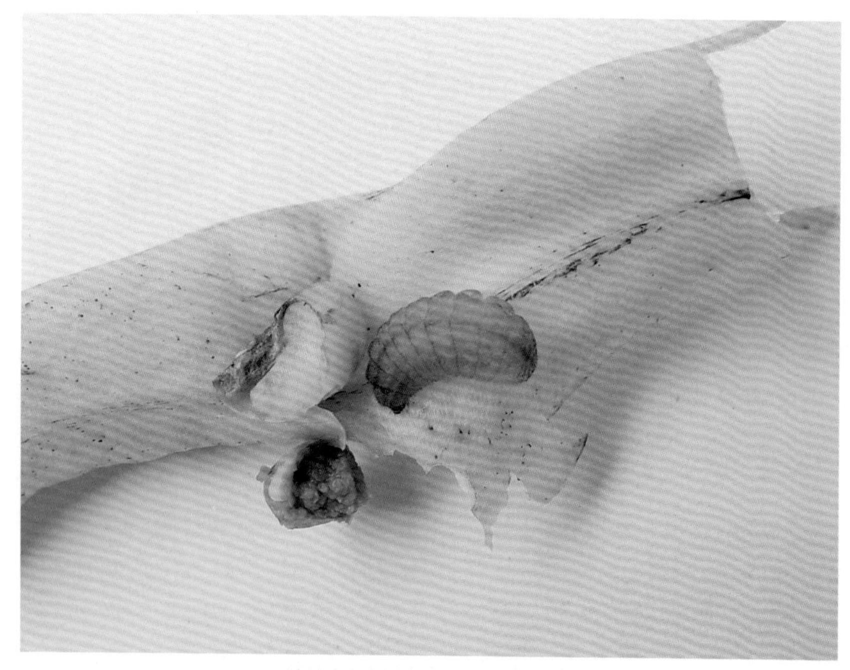

波纹小灰蝶老熟幼虫（绿褐色）

成虫白天活动，以8：00～17：00最活跃，有吸食花蜜补充营养的习性。多选择始花期至盛花期的豆科作物产卵，50%以上的卵多散产于含苞欲放的花蕾或花瓣上，部分产于花梗或豆荚上，也有极少数多粒堆产。幼虫孵化后即钻入花蕾或花器取食幼嫩子房花药，并转蕾多次为害，3龄以上幼虫可钻入豆荚为害。幼虫老熟后，在被害植株附近浅土层内或落叶中作茧化蛹。

防治要点

①农业防治。入冬前及时将残株落叶带出田外销毁，以减少越冬虫源基数。②药剂防治。在8—10月中下旬盛发期内，始花期至盛花期用药挑治，每隔7～10天施用1次，连续防治3～4次。注意重点喷施于花蕾、嫩荚和落地花，用药时间宜在10：00前豆花盛开时。防治药剂参照“豆荚螟”。

斜纹夜蛾

学名 *Spodoptera litura*（Fabricius）

别名 斜纹夜盗蛾、莲纹夜蛾、莲纹夜盗蛾、花虫等

斜纹夜蛾属鳞翅目夜蛾科，为间歇性暴发的暴食性害虫。食性极杂，寄主植物近100科300多种，在蔬菜上主要为害十字花科、茄科、豆科、瓜类、菠菜、葱、蕹菜、马铃薯、莲藕、芋等。全国各地均有分布，是我国农业生产上重要害虫之一，多次造成灾害性破坏。

形态特征

成虫 体长14～20毫米，翅展30～40毫米，深褐色。前翅灰褐色，多斑纹，从前缘基部向后缘外方有3条白色宽斜纹带，雄蛾的白色斜纹不及雌蛾的明显。后翅白色，无斑纹。

斜纹夜蛾成虫及卵块

卵 扁半球形，块产成3～4层的卵块，表面覆盖有灰黄色的疏松绒毛。

幼虫 共6龄。老熟幼虫体长35～47毫米。体色多变，从中胸到第8腹节上有近似三角形状的黑斑各1对，其中第1、7、8腹节上的黑斑

斜纹夜蛾初孵幼虫团

最大。

蛹 圆筒形，末端细小，体长15～20毫米，赤褐色至暗褐色，腹部背面第4～7节近前缘处各密布圆形小刻点，有1对强大而弯曲的臀刺。

斜纹夜蛾蛹

发生特点

斜纹夜蛾从华北到华南年发生4～9代不等，华南及台湾等地可终年为害，长江中下游地区常年发生5～6代，世代重叠。常年浙江第1代为6月中下旬至7月中下旬，全代

斜纹夜蛾低龄幼虫

斜纹夜蛾高龄幼虫及蜕皮

历期25～35天；第2代为7月中下旬至8月上中旬，全代历期24～28天；第3代为8月上中旬至9月上中旬，全代历期27～30天；第4代为9月上中旬至10月中下旬，全代历期30～35天；第5代为10月中下旬至11月下旬或12月上旬，全代历期45天以上。11月下旬至12月上旬以老熟幼虫或蛹越冬。

成虫昼伏夜出，飞翔力强，白天躲藏在植株茂密的叶丛中，黄昏时飞回开花植物，并对光、糖醋液及发酵物质有趋性。产卵前需取食蜜源补充营养，卵多产于植株中下部的叶片背面，每雌平均可产卵3～5块，400～700粒不等。初孵幼虫在卵块附近昼夜取食叶肉，留下叶片的表皮，将叶片取食成不规则形的透明白斑，遇惊扰后四处爬散或吐丝下坠或假死落地。2～3龄开始分散转移为害，也仅取食叶肉。4龄后昼伏夜出并食量骤增，晴天在植株周围的阴暗处或土缝里潜伏，在阴雨天气的白天也有少量个体出来取食，多数仍在傍晚后出来为害，黎明前又躲回阴暗处。有假死性及自相残杀现象。4～6龄幼虫取食量占全代的90%以上，将叶片取食成小孔或缺刻，严重时可吃光叶片，并为害幼嫩茎秆、幼果或取食植株生长点，为害后造成的伤口和污染使植株易感染各类病害。在田间虫口密度过高时，幼虫有成群迁移习性。幼虫老熟后，入土1～3厘米，作土室化蛹。

斜纹夜蛾属喜温性害虫，抗寒力弱，发生最适环境条件为温度28～32℃，相对湿度75%～85%，土壤含水量20%～30%。浙江常年盛发期为

7—9月，华北的黄河流域盛发期为8—9月，华南盛发期为4—11月。在28～30℃条件下，卵期3～4天，幼虫期15～20天，蛹期6～9天，成虫寿命5～15天。

防治要点

①农业防治。清除杂草，结合田间作业摘除卵块，人工灭杀扩散为害前集聚的幼虫。②诱杀成虫。在越冬代成虫始见期，采用性诱剂诱杀雄蛾，压低虫口基数，每亩设置1个专用干式诱捕器，诱虫孔离地面1米。③药剂防治。在卵孵高峰期，选用100克/升格力高（溴虫氟苯双酰胺）悬浮剂3000倍液，或5%卡死克（氟虫脲）乳油2000～2500倍液，或50克/升抑太保（氟啶脲）乳油1000倍液等喷雾防治；在低龄幼虫始盛期，选用240克/升雷通（甲氧虫酰肼）悬浮剂3000倍液，或22%艾法迪（氰氟虫腙）悬浮剂600～800倍液，或300克/升度锐（氯虫·噻虫嗪）悬浮剂2000倍液，或50克/升美除（虱螨脲）乳油2000倍液，或10%倍内威（溴氰虫酰胺）可分散油悬浮剂1500倍液，或150克/升凯恩（茚虫威）乳油1000倍液，或60克/升艾绿士（乙基多杀菌素）悬浮剂2000倍液等喷雾防治。施药一般选择在傍晚太阳下山后进行。

专家提醒

第3～5代是斜纹夜蛾为害的关键代次，防治上应采取“压低3代、巧治4代、挑治5代”的防治策略。根据幼虫为害习性，防治适期是卵孵高峰至低龄幼虫分散前。触杀、胃毒并进，是提高防治效果的关键技术措施。施药要用足药液量，均匀喷雾在叶面及叶背，使药剂能直接喷到虫体上。同时，尽量使用选择性药剂，加强对斜纹夜蛾天敌的保护和利用。

甜菜夜蛾

学名 *Spodoptera exigua*（Hübner）

别名 贪夜蛾、菜褐夜蛾、玉米夜蛾等

甜菜夜蛾属鳞翅目夜蛾科，是一种间歇性暴发的暴食性、杂食性害虫。主要为害十字花科、豆科、茄科、葫芦科、百合科及棉花等多种作物植物170余种。全国各地均有分布，以华北、华南、长江流域等地区及台湾为害严重。

形态特征

成虫 体长8～10毫米，翅展19～25毫米，体灰褐色，少数为深灰褐色。前翅内横线、亚外缘线均为灰白色，亚外缘线较细，外缘有1列黑色的三角斑；中央近前缘外侧有肾形纹1条，内侧有环形纹1条，肾形纹约为环形纹的1.5～2倍，土红色；基部有2条黑色波浪形的外斜线。后翅灰白色略带粉红，翅缘灰褐色，翅脉有黑褐色线条。

卵 圆馒头形，直径0.2～0.3毫米，白色，表面有放射状隆起线。块产成1～3层重叠卵块，表面覆有雌蛾产卵时遗留的白色绒毛。

甜菜夜蛾卵块

幼虫 共5龄。老熟幼虫体长约22毫米，体色多变，有绿色、暗绿色、黄褐色、褐色、黑褐色等，多为绿色或暗绿色。不同体色的幼虫胴部有不同颜色的背线，偶背线缺失。气门下线有明显的黄白色纵带，有时掺杂粉红色。纵带的末端直达腹末，不弯到臀足。每体节的气门后上方各有1个明显的白点，以体色为绿色的幼虫最明显。

甜菜夜蛾高龄幼虫

甜菜夜蛾蛹

蛹 长8～12毫米，宽2.5～4毫米，黄褐色。中胸气门深褐色，位于前胸后缘，从腹面正视显著外突。臀棘上及臀棘腹面基部各有刚毛2根，前者长度为后者的1.5～2倍。

发生特点

甜菜夜蛾在华北地区年发生3～4代，长江中下游地区年发生5～6代，世代重叠严重。华南地区无越冬现象，其他地区以蛹在地表下7～10厘米的土壤中滞育越冬。浙江地区常年第1代发生期为6月中下旬，第2代为7月上中旬，第3代为8月上旬至下旬，第4代为9月中下旬，第5代为10月中下旬，第6代为10月下旬至11月下旬，多为不完全世代。

成虫昼伏夜出，具趋光性，趋化性较弱，黄昏至上半夜是成虫活动、取食、产卵的高峰期。多产卵于叶背或叶面，每雌平均产卵4～5块，每块有卵8～100粒不等。初孵幼虫群集在叶背卵块附近啃食，稍大即分散，分散性强于斜纹夜蛾。2龄后在叶内吐丝结网，取食叶肉，留下表皮，俗称"开天窗"。3龄后分散为害或转株为害，进入暴食期，且抗药性增强。4龄后食量大增，占总食量的90%左右，为害叶片、嫩茎使之成孔洞或缺刻状，严重时仅剩叶脉和叶柄；也可钻蛀为害果实，造成果实腐烂与脱落。4～5龄幼虫昼伏夜出，但也有少量幼虫在阴雨天白天爬上植物取食。高龄幼虫具假死性，虫口密度大时会自相残杀。老熟幼虫钻入表土内化蛹，深度0.5～3厘米，也可在植株基部隐蔽处化蛹。

甜菜夜蛾属喜温性害虫，发生最适环境条件为温度25～35℃，相对湿度80%～95%，土壤含水量20%～30%。卵、幼虫、蛹的发育起点温度分别为10.9℃、10.9℃和12.2℃，有效积温分别为42.5度·日、243.3度·日和105.7度·日。在高温低湿的条件下，发育进度加快。各虫态耐高温能力强，在43.3℃下4小时，幼虫发育无明显影响。同时，各虫态对低温也有一定的忍耐力，蛹在-12℃下数日仍不死亡。浙江盛发期在8—9月。若夏季连续高温、干旱且天敌减少，经济作物种植类型复杂地区易大暴发。成虫产卵盛期如遇雷阵雨，可减轻为害。

防治要点

参照"斜纹夜蛾"。

毛胫夜蛾

学名 *Mocis undata*（Fabricius）

别名 鱼藤毛胫夜蛾、云纹夜蛾

毛胫夜蛾属鳞翅目夜蛾科，主要为害大豆、鱼藤等作物。分布于浙江、江苏、江西、福建、台湾、广东、云南、河南、河北等地。

形态特征

成虫 体长18～22毫米，翅展46～50毫米。头、胸、前翅暗褐色。前翅内线较粗，褐色外斜，末端的外侧有1个黑斑点；中线褐色波浪状；外线

毛胫夜蛾幼虫

黑色；环纹系棕色小圆点；肾纹大，灰褐色；亚端线浅褐色，波浪形，在翅脉间具黑点，端线黑色。后翅暗黄褐色，外线黑褐色，翅外缘中部具1个褐斑。

卵 半圆形，直径约1毫米，乳白色至灰绿色。

幼虫 细长。老熟幼虫体长50～57毫米，体色多变，有3对胸足、2对腹足和1对尾足。头黄褐色，有刻点构成的纵条纹。腹部土黄色，亚背线、气门线为紫褐色细点线。在第1腹节亚背面有1个黄白色眼形斑。

蛹 长20～24毫米，宽5～6毫米，黄褐色至红褐色，体表有白粉。

发生特点

毛胫夜蛾在山东年发生3代，7月发生的第1代为害春大豆；第2代于8月中旬至9月上旬发生，为害夏大豆；第3代于9月中旬至10月上旬发生；其中以第2代为害较重。毛胫夜蛾以幼虫在植株上部为害叶柄或取食叶片成缺刻或孔洞，严重时把叶片吃光，导致大豆落花、落荚，影响产量。幼虫行动迟缓，有吃卵壳的习性。末龄幼虫吐丝缀叶化蛹。

防治要点

低龄幼虫始盛期为防治适期，药剂选用参照“斜纹夜蛾”。

银纹夜蛾

学名 *Ctenoplusia agnata*（Staudinger）

别名 黑点银纹夜蛾、黑点丫纹夜蛾、豌豆造桥虫等

银纹夜蛾幼虫

银纹夜蛾属鳞翅目夜蛾科，主要为害甘蓝、芜菁、萝卜、白菜等十字花科蔬菜，也为害豆类、茄科蔬菜、莴苣、胡萝卜等作物。全国各地均有分布，以黄淮地区、长江流域发生较重。

形态特征

成虫 体长12～17毫米，翅展约32毫米，全体灰褐色，后胸及第1、3腹节背面有褐色毛块。前翅深褐色，有2条银色的横线纹，翅中央有1个“Y”形银色斑纹和1个近三角形的银色斑点。后翅浅褐色，有金属闪光，外缘黑褐色。

卵 馒头形，直径0.5毫米左右，初产乳白色，后变淡黄至紫色，表面有纵横网格。

银纹夜蛾高龄幼虫

幼虫 老熟幼虫体长约32毫米，头部黄褐色，胴部黄绿色，身体前端较细，后端较粗。背面具8条白

银纹夜蛾预蛹

银纹夜蛾蛹

色双背线和亚背线。气门线浅黄色，气门黄色。胸足3对，腹足2对，尾足1对，其中第1、2对腹足退化，行走时身体成弓状。

蛹 长15～20毫米，背面褐色，腹面绿色，羽化前变为黑褐色。臀棘具分叉刺，其周围有4个小钩。外包可透视的白色薄茧。

发生特点

银纹夜蛾年发生代次从北到南3～6代，以蛹越冬。浙江年发生5代，第2～4代主要为害大豆，7—9月为发生盛期。成虫具趋光性，卵散产或成块产于叶背。幼虫在6—10月取食豌豆、大豆、甘蓝、白菜、莴苣、向日葵等作物叶片，造成空洞和缺刻，严重时将叶片吃光，引起作物大量落花、落荚，影响产量。老熟幼虫在植株上结薄茧化蛹。

银纹夜蛾生长发育的适宜温度为15～35℃，最适宜发生的气候条件为温度22～25℃，相对湿度60%～80%。夏、秋季节少雨的年份一般发生严重。当虫源基数高、湿度大，温度适中时，有利于其发生和为害。

防治要点

一般不需要单独防治。发生较重时，可在1～2龄幼虫始盛期前喷雾防治，药剂选用参照“斜纹夜蛾”，均匀喷雾叶片正反两面。

学名 *Helicoverpa armigera*（Hübner）

别名 玉米穗虫、番茄蛀虫、棉铃实夜蛾

棉铃虫属鳞翅目夜蛾科，主要为害大豆、玉米、番茄、白菜、甘蓝、菜豆、豌豆、花生、苜蓿、芝麻、烟草、棉花等多达200种的蔬菜和其他作物，是蔬菜生产上的主要害虫。广泛分布于我国及世界各地蔬菜种植区和棉区，我国以黄河流域、长江中下游地区受害严重。

形态特征

成虫 体长15～20毫米，翅展27～38毫米。雄蛾前翅灰绿色或青灰色，雌蛾前翅赤褐色或黄褐色，具褐色环状纹及肾形纹，肾纹前方的前缘脉上有两条褐色斑纹，肾纹外侧为褐色宽横带，端区各脉间有黑点。外横线外侧有深灰褐色宽带，上有7个小白点。后翅黄白色或浅褐色，端区褐色或黑色。

卵 半球形，直径约0.5毫米，初产时乳白色，孵化前变为黑褐色，具纵横网格。

幼虫 共6龄。老熟幼虫体长30～42毫米，体色有浅绿、浅红、红褐、黑紫等多种，常见的为绿色型及红褐色型。头部黄褐色，背线、亚背线和气门上线呈深色纵线，气门白色；2根前胸侧毛（L1、L2）的连线与前胸气门下端相切，区别于烟青虫。

棉铃虫幼虫前胸两根侧毛的连线与前胸气门下端相切

棉铃虫幼虫体色多变

蛹 纺锤形，长10～20毫米，黄褐色。腹部第5～7节的背面和腹面有7～8排半圆形刻点，臀棘钩刺2根。

发生特点

棉铃虫在长江流域年发生5代左右，辽宁、西北内陆地区为3代，华北地区及黄河流域为4代，华南地区为6～8代，以滞育蛹在土中越冬。黄河流域越冬代成虫于4月下旬始见，第1代幼虫主要为害小麦、豌豆、亚麻和其他蔬菜；第2代成虫始见于7月上中旬，盛发于7月中下旬；第3代成虫始见于8月上中旬。长江中下游地区第4代成虫始见于9月上中旬。

成虫昼伏夜出，具趋光、趋化性，白天多栖息在植株荫蔽处，傍晚开始活动，取食蜜源植物补充营养、寻偶、交尾、产卵。一般都在枝叶幼嫩茂密的植株上产卵，卵散产，每雌平均产卵100～200粒。卵发育历期随温度变化而变化，15℃时为6～14天，20℃时为5～9天，25℃时约为4天，30℃时约为2天。初孵幼虫先食卵壳，第2天开始为害生长点和取食嫩叶，第4天转移到幼荚和花；3～4龄幼虫主要为害嫩叶和花；4龄后为害豆荚；5～6龄进入暴食期。幼虫有转移为害的习性，整个幼虫期可为害10余个豆荚，并且3龄以上幼虫常互相残杀。幼虫发育历期在20℃时约为31天，25℃时约为22.7天，30℃时约为17.4天。老熟幼虫在地表下5～10厘米的土层中筑土室化蛹，羽化时成虫沿原道爬出土面后展翅。蛹发育历期在20℃时约为28天，25℃时约为18天，28℃时约为13.6天，30℃时约为9.6天。为害豆类时，幼虫取食嫩叶成缺刻或孔洞；还可蛀食花蕾和花朵，造成落花、落蕾；蛀食豆荚，严重时还会造成减产；有时蛀入茎秆中，导致植株死亡。

棉铃虫属喜温、喜湿性害虫，成虫产卵适温在23℃以上，20℃以下很少产卵。幼虫最适发育温度为25～28℃，相对湿度为75%～90%。月降雨量在100毫米以上，相对湿度70%以上时为害严重。但雨水过多会造成土壤板结，不利于幼虫入土化蛹，同时增加蛹的死亡率。此外，暴雨会冲刷棉铃虫卵，对其发生也有一定的抑制作用。

防治要点

①农业防治。冬耕冬灌减少虫源基数。采用杨树枝诱蛾产卵或种植玉米、番茄等诱集作物，进行集中杀灭。②药剂防治。防治适期为卵孵化盛期，药剂选用参照“斜纹夜蛾”。注意交替轮换用药，并喷足药液量，重点喷雾于顶部叶片。

肾毒蛾

学名 *Cifuna locuples*（Walker）

别名 大豆毒蛾

肾毒蛾属鳞翅目毒蛾科，主要为害大豆、绿豆、大白菜、茶树、花卉等多种作物。北起黑龙江、内蒙古，南至台湾、广东、广西、云南均有分布。

形态特征

成虫 体长15～20毫米，雄蛾翅展34～40毫米，雌蛾翅展45～50毫米，体色呈黄褐至暗褐色。后胸和第2、3腹节背面各有1束黑色短毛。前翅有1条深褐色肾形横脉纹，微向外弯曲，内区布满白色鳞片，内线为1条内衬白色细线的褐色宽带。后翅浅黄色带褐色。雌蛾的体色比雄蛾的稍深；雄蛾的触角为长齿状，雌蛾的触角为羽状。

卵 半球形，浅青绿色。

幼虫 共5龄。老熟幼虫体长约40毫米，体色呈黑褐色。头部有光泽，上有褐色次生刚毛。亚背线和气门下线为橙褐色间断的线。前胸背板长有褐色毛。前胸背面两侧各有1个黑色大瘤，上有向前伸展的长毛束。其余各瘤褐色，上有白褐色毛。第1～4腹节背面有暗黄褐色短毛刷，第8腹节背面有黑褐色毛束。除前胸及第1～4腹节的

肾毒蛾初孵幼虫团

瘤上有白色羽状毛外，胸足每节上方白色，跗节有褐色长毛。

蛹 长约20毫米，红褐色，背面有长毛，腹部前4节有灰色瘤状突起。

发生特点

肾毒蛾在长江中下游地区年发生3代。以幼虫在枯叶或田间表土层中作茧越冬，越冬代成虫于4月中下旬羽化，5—6月为第1代发生期，7—9月是第2、3代盛发期，10月前后幼虫开始作茧越冬。

成虫有趋光性。卵块产于叶背，每个卵块有卵50～200粒。低龄幼虫集中为害叶片背面，仅食叶肉，以后分散为害；老熟幼虫在叶背作茧化蛹。肾毒蛾生长发育的温度范围为15～35℃，最适宜发生的气候条件为温度22～28℃，相对湿度70%～80%。第1代历期约50天，第2、3代35～40天。

防治要点

①农业防治。结合农事操作，及时摘除卵块和豆叶上的群集幼虫。②药剂防治。一般发生年份可在防治其他害虫时兼治。发生量大时，可在幼虫群集期喷雾防治，药剂选用参照“斜纹夜蛾”。

肾毒蛾高龄幼虫及其蜕皮

肾毒蛾老熟幼虫

豆天蛾

学名 *Clanis bilineata tsingtauica* Mell

别名 大豆天蛾

豆天蛾属鳞翅目天蛾科，主要为害大豆、豇豆等豆科蔬菜。我国除西藏外的其他各地均有分布。

形态特征

成虫 体长40～45毫米，翅展100～120毫米，黄褐色。头及胸部有较细的暗褐色背线，腹部背面各节后缘有棕黑色横纹。前翅狭长，前缘靠近中央有较大的半圆形绿褐色斑，中室横脉处有1个白色小点，内横线及中横线不明显，外横线呈褐绿色波纹，外缘呈扇形。后翅暗褐色，基部上方有赭色斑点。

卵 椭圆形，2～3毫米，初产时黄白色，后转为褐色。

豆天蛾卵

幼虫 共5龄。老熟幼虫体长约90毫米，黄绿色，体表密生黄色小突起，胸足橙褐色，腹部两侧各有7条向背后倾斜的黄白色条纹，臀背有1个尾角。

蛹 长约50毫米，宽约18毫米，红褐色。头部口器明显突出，略呈钩状。喙与

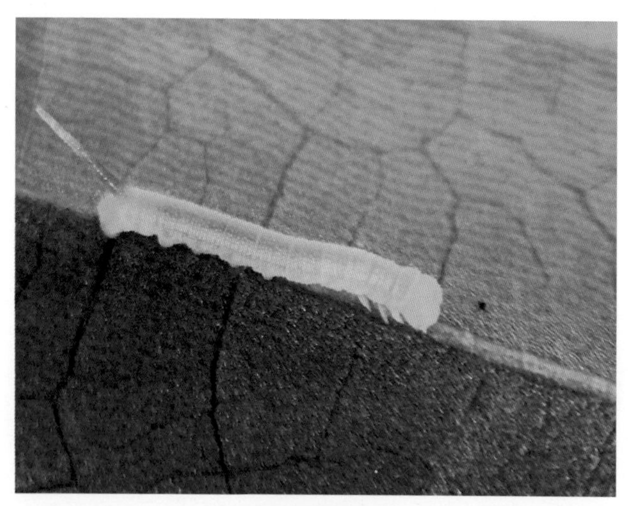
豆天蛾低龄幼虫

豆天蛾高龄幼虫

蛹体紧贴，末端露出。第5～7腹节的气孔前方各有1条气孔沟，当腹节活动时会因摩擦而发出轻微声响。

发生特点

豆天蛾在浙江、江苏、安徽、山东、河南、河北等地年发生1代，湖北等地年发生2代，均以老熟幼虫在地面下9～12厘米的土层中越冬，翌年春季在表土层化蛹。年发生1代的地区，一般在6月中下旬化蛹，7月上中旬为羽化盛期，7月中下旬至8月上旬为成虫产卵盛期，7月下旬至8月下旬为幼虫发生盛期，9月上旬幼虫老熟入土越冬。年发生2代的地区，5月上中旬化蛹和羽化，第1代幼虫发生于5月下旬至7月上旬，第2代幼虫发生于7月下旬至9月上旬，全年以8月中下旬为害最严重，9月中旬后老熟幼虫入土越冬。

豆天蛾末龄幼虫

成虫昼伏夜出，飞翔力很强，但趋光性不强。喜在空旷而生长茂密的豆田产卵，一般散产于第3、4片豆叶的背面，每叶1粒或多粒，每雌平均产卵300～350粒。初孵幼虫取食嫩叶边缘部分；4龄前的幼虫白天多藏于叶背，夜间取食（阴天则全天取食）；4～5龄幼虫白天多在豆秆枝茎上为害，并常常转株为害，发生严重时将全株叶片食尽，致使植株不能结荚。

豆天蛾生长发育的温度范围为25～38℃，最适宜发生的气候条件为温度30～36℃，相对湿度75%～90%。卵期为6～8天，幼虫期为40～45天，蛹期为10～15天。

防治要点

①农业防治。田间零星发生时，可在农事操作中进行人工捕杀。②药剂防治。一般发生年份可在防治其他害虫时兼治。发生较重时，防治药剂参照“斜纹夜蛾”。

大造桥虫

学名 *Ascotis selenaria*（Schiffermüller et Denis）

别名 步曲、弓弓虫、量寸虫

大造桥虫属鳞翅目尺蛾科，为间歇暴发性害虫，主要为害大豆、菜豆、豇豆、茄子、青椒、白菜、棉花、柑橘、梨、苹果等多种蔬菜及其他作物。全国各地均有分布。

形态特征

成虫 体长15～20毫米，翅展38～45毫米，体色变异很大，有浅灰褐色、浅褐色、黄白色、浅黄色等，多为浅灰褐色。翅上的横线和斑纹均为暗褐色，中室端有1条斑纹。前翅亚基线和外横线呈锯齿状，其间为灰黄色，外缘中部附近有1个斑块。后翅外横线呈锯齿状，其内侧灰黄色。有的个体前、后翅可见中横线和亚缘线。触角浅黄色，雌虫为丝状，雄虫为羽状。

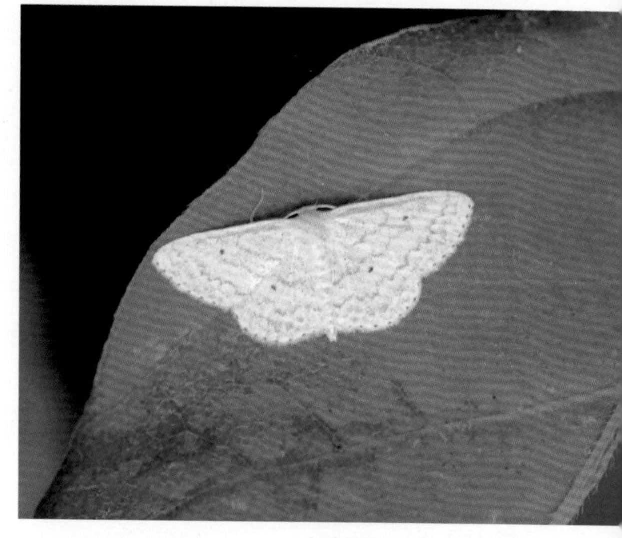

大造桥虫成虫

卵 长椭圆形，青绿色。

幼虫　老熟幼虫体长38～49毫米，黄绿色。头黄褐色至褐绿色，头顶两侧各有1个黑点。背线宽，淡青色至青绿色，亚背线灰绿色至黑色。气门上线深绿色，气门线黄色杂有细黑纵线，气门下线至腹部末端浅黄绿色。第3、4腹节上有黑褐色斑点，气门黑色，围气门片浅黄色。胸足褐色。腹足两对，生于第6、10腹节，黄绿色，端部黑色。

大造桥虫幼虫

蛹　长约14毫米，深褐色有光泽，尾端尖，臀棘2根。

发生特点

一般年份大造桥虫主要在豆类、棉花等作物上发生。在长江中下游地区年发生4～5代，以蛹在土中越冬。各代成虫盛发期为6月上中旬、7月上中旬、8月上中旬和9月中下旬。第2～4代卵期为5～8天，幼虫期为18～20天，蛹期为8～10天，完成1代需32～42天。

成虫昼伏夜出，趋光性强。羽化后2～3天产卵，多产在地面、土缝及草秆上，大发生时可产在枝干和叶上，数十粒至百余粒成堆，每雌可产卵1000～2000粒，但越冬代仅产200余粒。初孵幼虫可吐丝随风飘移传播扩散，以取食芽、叶及嫩茎为主，大发生时蚕食作物至仅剩茎秆。10－11月以末代幼虫入土化蛹越冬。

防治要点

一般不单独采取防治措施，发生严重需单独防治时可参照“斜纹夜蛾”的防治要点。

豆秆黑潜蝇

学名 *Melanagromyza sojae*（Zehntner）

别名 豆秆穿心虫、豆秆蛇潜蝇

豆秆黑潜蝇属双翅目潜蝇科，主要为害大豆。广泛分布于我国东北、黄淮地区和南方大豆产区。

形态特征

成虫 为小型蝇，体长约2.5毫米，体色黑亮，复眼暗红色，腹部有蓝绿色光泽。触角黑色、3节，第三节钝圆形，其背中央生有1根细长的角芒，长度为触角的3～4倍，仅具毳毛。前翅膜质透明，具淡紫色金属光泽；亚前缘（Sc）脉发达，在到达前缘脉（C）之前与第一径脉（R）靠拢而弯向前缘；径中脉（r-m）位于基中室（$1M_2$）近端部2/5处。腋瓣具黄白色缘缨；无小盾前鬃，平衡棒黑色。雌虫稍大于雄虫；雌虫腹部丰满较大，末端有针状产卵管，长度0.3～0.4毫米；雄虫下生殖板较宽，阳茎内突长，基阳体与端阳体复合体由膜质部分开较远。

豆秆黑潜蝇幼虫

卵 长椭圆形，长约0.07毫米，宽约0.05毫米。初产乳白色，半透明，翌日两端变透明，中段变混浊，待混浊物消失，卵端呈现1黑点。

幼虫　蛆形，体长2.4～4.4毫米，初为乳白色，后呈淡黄色。口钩黑色，稍尖，下缘具1端齿，端齿尖锐。第一胸节上着生前气门1对，短小，呈冠状突起，上具6～9个椭圆形气门裂，排成2行。第八腹节上有后气门1对，淡灰棕色，中央有深棕色的柱状突起，有6～9个椭圆形气门裂，沿边缘排列。体表生有很多棘刺，尾部有2个明显的黑刺。

豆秆黑潜蝇幼虫及其虫道

蛹　长筒形，长1.6～3.4毫米，淡黄褐色，稍透明。前、后气门明显突出，前气门短，向两侧伸出；后气门烛台状；尾部有2个黑色短刺。

发生特点

豆秆黑潜蝇在浙江年发生6～7代，以蛹在大豆及其他寄主的根茬和

豆秆黑潜蝇虫道初为黄褐色，后变为红褐色

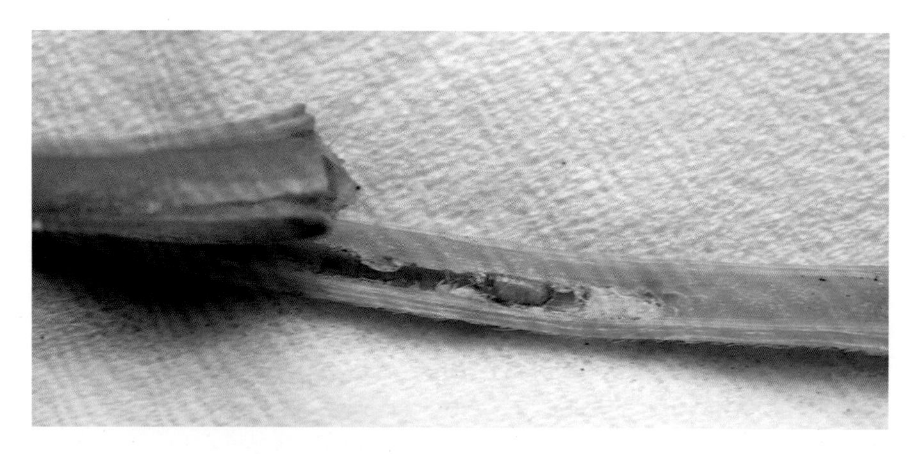

豆秆黑潜蝇蛹

秸秆中越冬。越冬蛹于4月上旬开始羽化，受豆秆利用和寄生蜂的影响，越冬蛹的成活率较低，羽化较少，一般只有2%左右。越冬蛹有明显的滞育现象，如早春气温较低，部分蛹可延迟到6月初羽化，成为第二代虫源。因此，第一代幼虫基本不造成为害。第二代幼虫于6月上旬始盛，6月中旬末为高峰期，而蛹和成虫的高峰期仍不明显。第三代幼虫于7月初始盛，7月上旬为高峰期，发生趋重，主要为害夏大豆；第四代幼虫在8月初始发，8月中旬为高峰期，严重为害夏秋大豆；第五代幼虫于9月初始发，9月中旬盛发；第六代幼虫于10月上旬始发，10月中旬盛发。第五代、第六代为害秋大豆，为害重。第七代为不完整的一代。世代重叠现象严重。

成虫飞翔能力较弱，早晚（6：00～8：00和17：00～18：00）最活跃，多集中在豆株上部叶面活动；夜间、烈日下、风雨天则栖息于豆株下部叶片或草丛中。25～30℃是取食、交尾和产卵的适温。除喜吮吸花蜜外，常以腹部末端刺破豆叶表皮，吮吸汁液，被害嫩叶的正面边缘常出现密集的小白点和伤孔，严重时枯黄凋萎。成虫寿命一般3～4天，个别长达13天。卵多单粒散产，少数在一处产2粒，产在植株中上部叶背近基部主脉附近的表皮下。产卵处外表呈黑褐色斑点，每雌产卵7～9粒，产卵历期2～3天。幼虫有首尾相接弹跳的习性。初孵幼虫先在叶背表皮下潜食叶肉，

豆秆黑潜蝇成虫羽化孔

形成一条极小而弯曲的稍透明隧道。少部分幼虫滞留叶柄蛀食直至老熟化蛹；大部分幼虫沿主脉再经小叶柄、叶柄和分枝直达主茎，蛀食髓部和木质部，严重损耗大豆植株机体，影响水分和养分的传输。开花后主茎木质化程度较高，豆秆黑潜蝇只能蛀食主茎的中上部和分枝、叶柄，豆株受害较轻。虫道蜿蜒曲折如蛇行状，1头幼虫蛀食的虫道可达1米；粪便排泄于虫道内，初为黄褐色，后变为红褐色。幼虫老熟后，在茎壁上咬一羽化孔，而后在孔口附近化蛹。多雨多湿的季节发生严重。

防治要点

①农业防治。合理轮作，推行“豆—菜”“豆—稻”等种植模式，避免豆科作物连作；建立异地繁种基地，减少本地秋季干籽大豆种植面积；大力推广秸秆还田及综合利用，压低越冬虫口基数。②种子处理。按每千克种子用40%溴酰·噻虫嗪种子处理悬浮剂3～4.5毫升的用量种子包衣后播种。③药剂防治。成虫盛发期，可选用50%辛硫磷乳油1000倍液，或50%马拉硫磷乳油1000倍液等喷雾防治；在大豆出苗到第一复叶期，可选用10%倍内威（溴氰虫酰胺）可分散油悬浮剂1500倍液，或50%潜蝇灵（灭蝇胺）可湿性粉剂2000～3000倍液等喷雾防治幼虫。

专家提醒

豆秆黑潜蝇的药剂防治要立足早防，在大豆幼茎没有木质化前用药保护效果最好。

美洲斑潜蝇

学名 *Liriomyza sativae* Blanchard

别名 蔬菜斑潜蝇、蛇形斑潜蝇、瓜斑潜蝇、甘蓝斑潜蝇、豆潜叶蝇

美洲斑潜蝇属双翅目潜蝇科，外来入侵生物，主要为害豇豆、毛豆、菜豆、扁豆、豌豆、蚕豆、番茄、茄子、辣椒、黄瓜、西瓜、甜瓜、冬瓜、丝瓜、西葫芦、芹菜、油菜、大白菜、棉花、烟草等22科130多种蔬菜及其他作物。我国除西藏、新疆、内蒙古外各省均有分布，以南方发生严重。

形态特征

成虫 体长1.8～2.5毫米，浅灰黑色。头部和小盾片鲜黄色，中胸背板亮黑色，内顶鬃着生于黄与暗色交界处，外顶鬃着生于暗色处。腹部每节黑黄相间，体侧面观黑色、黄色约各占一半，前翅长1.3～1.7毫米。雌虫比雄虫稍大。

美洲斑潜蝇成虫及产卵痕

卵 长椭圆形，长0.3～0.4毫米，宽0.15～0.2毫米，初期淡黄白色，后期淡黄绿色，半透明。

幼虫 共3龄。蛆状，体长2.5～3毫米，初孵时体色透明，后变为浅

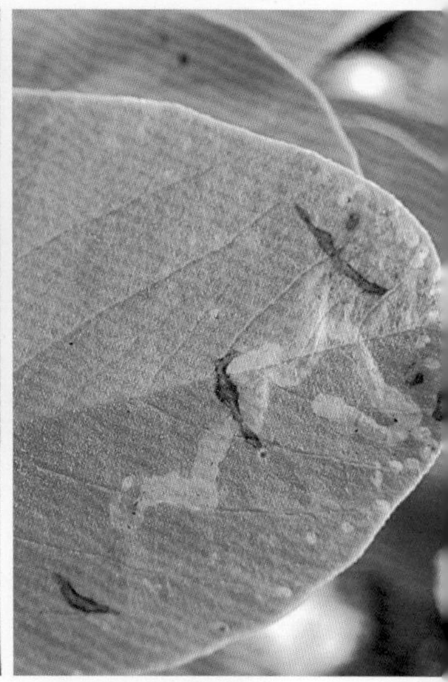

美洲斑潜蝇幼虫及其虫道

橙黄色至橙黄色，1～2龄浅黄白色，3龄金黄色。后气门呈圆锥状突起，顶端三分叉，各具1个开口。

蛹 椭圆形，长1.7～2.3毫米，宽0.5～0.75毫米，金黄色，羽化前为深褐色，腹面稍扁平，后气门孔3个。

发生特点

美洲斑潜蝇在浙江年发生13～15代，上海年发生9～11代。在浙江等地露地以蛹越冬，保护地内可周年发生，无越冬现象。繁殖能力强，世代短且重叠严重，每世代夏季2～4周，冬季6～8周。在平均温度高于24℃时，幼虫期为4～7天，当温度为20～30℃时，蛹历期为7～14天，温度越低，历期越长。成虫寿命一般为15～30天。

成虫飞行能力有限，远距离传播主要借助寄主繁殖材料的调运。具有较强的趋黄性。雌成虫在飞翔时以产卵器刺伤叶片，吸食汁液，造成伤斑，并将卵散产于伤孔的表皮之下。每雌产卵200～600粒。经2～5天孵化后

美洲斑潜蝇蛹

幼虫潜入叶片和叶柄蛀食叶肉组织，产生不规则的具湿黑色和干褐色区域的蛇形白色虫道，破坏叶绿素，影响光合作用。受害重的叶片脱落，造成花芽、豆荚被灼伤，严重时造成毁苗。初期虫道呈不规则线状伸展，后逐渐加粗，到终端明显变宽。幼虫老熟后从叶片正面咬破叶片表皮，在叶面或翻滚到土表层中化蛹。

防治要点

①农业防治。在美洲斑潜蝇为害重的地区，把美洲斑潜蝇嗜好的瓜类、茄果类、豆类与其不为害的作物进行套种或轮作；适当疏植，增加田间通透性；收获后及时清洁田园，把被美洲斑潜蝇为害的作物残体集中销毁；利用夏季换茬时机高温烤棚，密闭棚室7～10天，防止虫源扩散到露地。②防虫网阻隔。在秋季和春季的保护地的通风口处设置防虫网，防止露地和棚内的虫源交换。③黄板诱杀。从成虫始盛期开始，每亩设置30个诱杀点，每个点放置1张黄板，诱捕成虫，控制为害。悬挂黄板底边约高于作物冠层约10厘米，设施栽培中黄板平面与棚室通风口相垂直，露地栽培中黄板平面与主风向相垂直。④利用天敌。释放姬小蜂、反颚茧蜂、潜叶蜂等天敌。⑤药剂防治。春季发生较轻，可同蚜虫进行兼治。发生较重时，可在幼虫2龄前（虫道约0.5厘米），于晴天上午露水干后，选用10%倍内威（溴氰虫酰胺）可分散油悬浮剂750倍液，或75%灭蝇胺可湿性粉剂5000倍液，或60克/升艾绿士（乙基多杀菌素）悬浮剂1500倍液等喷雾防治。注意交替用药。

专家提醒

美洲斑潜蝇在表层土壤中羽化，羽化时需必要的湿度。采取全园地膜覆盖，可有效阻截蛹落入表层土壤中，从而大大降低羽化率，减轻害虫为害。

豌豆潜叶蝇

学名 *Chromatomyia horticola*（Goureau）

别名 豌豆彩潜蝇、豌豆植潜蝇、油菜潜叶蝇、刮叶虫、夹叶虫、叶蛆

豌豆潜叶蝇幼虫及其虫道

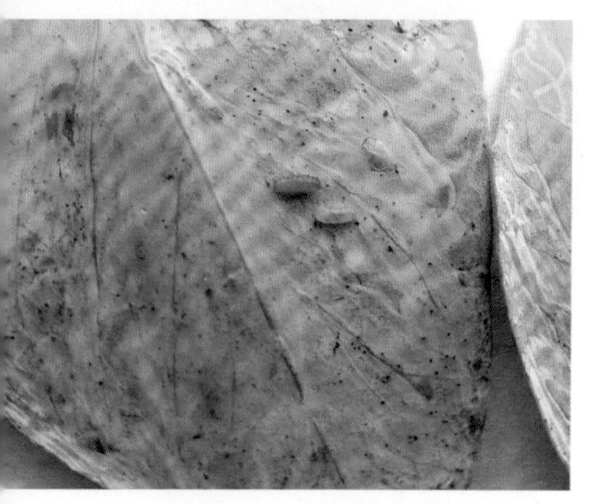

豌豆潜叶蝇蛹（上）及幼虫（下）

豌豆潜叶蝇属双翅目潜蝇科，是我国分布广泛的重要多食性潜蝇。主要为害豌豆、菜豆、豇豆、甘蓝、花椰菜、白菜、油菜、萝卜、莴苣、番茄、茄子、大蒜、马铃薯等100多种蔬菜及其他作物。北起黑龙江、内蒙古，南至广东、广西、贵州、云南等省均有分布。

形态特征

成虫 体长2～2.5毫米，黑褐色，雌虫略小。头部黄色，复眼大，椭圆形，黑褐色或红褐色。触角短小，黑色，第3节近圆形，触角芒细长，其长度超过触角第3节长度的2倍。胸部、腹部及足灰黑色，但中胸侧板、翅基、腿节末端、各腹节后缘黄色。前翅白色，半透明，略带虹彩反光，翅脉简单。

卵 长椭圆形，长约0.3毫米，宽约0.15毫米，乳白色，略透明，表面有皱纹。

豌豆潜叶蝇田间为害状

幼虫 共3龄。蛆形，老熟幼虫体长约3毫米，初孵时乳白色，取食后变黄白色或鲜黄色。头部小，体表光滑透明，前气门向前伸出成叉状，后气门在腹部末端背面，为1对明显的小突起，末端褐色。1龄幼虫只有后气门，而无前气门；2龄后幼虫前、后气门均存在。

蛹 长卵圆形，稍扁，长约2.5毫米、宽约1毫米。蛹壳坚硬，初化蛹时浅黄色，后变黄褐色至黑褐色。

发生特点

豌豆潜叶蝇在华北地区年发生4～5代，长江中下游地区约为10代，广东为18代，世代重叠。主要以蛹在被害的叶片内越冬，长江以南有些年份也存在以幼虫和成虫越冬的现象，福建、广东则可终年繁殖。翌春4月中下旬成虫羽化，第1代幼虫为害阳畦菜苗、留种十字花科蔬菜、油菜及豌豆，5—6月为害最重，夏季气温高时很少为害，秋季虫量上升，但数量不大。

成虫活泼，能迅速爬行和飞行，具有较强的趋黄性。白天活动于植株间，吸食花蜜或交尾产卵。产卵位置多选择幼嫩绿叶，产于叶背边缘的叶肉里，尤以近叶尖处为多。卵散产，每次1粒，每雌可产卵50～100粒。幼虫孵化后即蛀食叶肉，在栅栏组织和海绵组织交替钻蛀，于叶片正反两面形成时隐时现的灰白色蜿蜒虫道，粪便也排在其内。虫道随虫龄增大而加宽，无一定方向，但很少超过大的叶脉。幼虫老熟后在虫道末端化蛹，不钻出叶片，但在化蛹前将虫道尽头的表皮咬破，便于蛹的前气门伸出，以利于羽化。

豌豆潜叶蝇不耐高温，其生长、发育和繁殖适于偏低的温度。幼虫在略高于20℃时发育最快，幼虫和蛹在22℃时存活率最高，成虫在35℃以上时大量死亡。当温度为13～15℃时，各虫态历期分别为卵期约3.9天，幼虫期约11天，蛹期约15天，共计30天左右；当温度为23～28℃时，各虫态历期分别为卵期约2.5天、幼虫期约5.2天、蛹期约6.8天，共计14天左右。成虫寿命一般为7～20天，气温高时为4～10天。

豌豆潜叶蝇在浙江以春季3月下旬至5月上旬为害猖獗，尤以油菜和豌豆受害最重。豌豆受害后，豆荚饱满和籽粒品质及产量受到影响。一般植株基部的叶片受害重。一片叶上的虫数多时，虫道彼此串通，遍及全叶，致使叶片枯黄脱落。在田间常与美洲斑潜蝇混合发生。

防治要点

①农业防治。早春大量发生前，清除田间及田边杂草。摘除老黄叶，降低田间虫口密度。及时处理残株落叶，压低虫口基数。②药剂防治。在3—5月，嫩叶上初见白色细小的线状虫道时，适时用药防治。防治药剂参照“美洲斑潜蝇”。

豆叶东潜蝇

学名 *Japanagromyza tristella*（Thomson）

豆叶东潜蝇属双翅目潜蝇科，主要为害大豆。分布在北京、浙江、江苏、福建、广东、云南、山东、河南、河北、四川、陕西等地。

形态特征

成虫 为小型蝇，翅长2.4～2.6毫米，体黑色。具小盾前鬃、两对背中鬃及平衡棍。单眼三角尖端仅达第1上眶鬃，颊狭，约为眼高的1/10。小盾前鬃长度比第1背中鬃的1/2稍长，腋瓣灰色，缘缨黑色。平衡棍绝大部分棕黑色，端部部分为白色。雄蝇下生殖板两臂较细，内突约与两臂等长，

豆叶东潜蝇幼虫潜食叶肉，留下表皮，在叶面上呈现直径1～2厘米的白色膜状斑块

豆叶东潜蝇幼虫

豆叶东潜蝇为害状

阳体具长而卷曲的小管和叉状突起；雌蝇产卵瓣为紧密的锯齿列，齿列瘦长，端部钝。

幼虫 体长约4毫米，黄白色，口钩每颚具6齿，咽骨背角两臂细长，腹角具窗，骨化很弱。前气门具3～5个开孔，短小，结节状；后气门具31～57个开孔，排列成3个羽状分支，平覆在第8腹节后部大部分的背面。

蛹 卵形，长约2.8毫米，红褐色，蛹体节间明显缢缩，下方略平凹。前气门很小，结节状；后气门排列成3个羽状分支，平覆在第8腹节后背面。前、后气门突出体表不明显。

发生特点

豆叶东潜蝇在华东、华南地区发生多，为害高峰期在7—8月。幼虫在叶片内潜食叶肉，留下表皮，在叶面上呈现直径1～2厘米的白色膜状斑块，每叶可有2个以上斑块，影响作物生长。幼虫老熟后入土化蛹。一般多雨年份发生重。

防治要点

一般不单独采取防治措施，发生量大时适时喷药防治，防治药剂可参照“美洲斑潜蝇”。

烟粉虱

学名 *Bemisia tabaci*（Gennadius）

别名 棉粉虱、甘薯粉虱

烟粉虱属半翅目粉虱科，是一个包含有30余个推测隐种的复合种。寄主范围广泛，寄主植物超过500种。全国各地均有发生。

形态特征

成虫 雌虫体长约0.91毫米，翅展约2.13毫米；雄虫体长约0.85毫米，翅展约1.81毫米。体淡黄白色至白色，双翅白色无斑点，翅面具白色细小蜡粉。静止时前翅左右合拢呈屋脊状，从上往下可隐约看到腹部背面。

卵 椭圆形，长×宽约0.21毫米×0.096毫米，具光泽；有小柄，长梨形，与叶面垂直。卵柄通过产卵器插入叶表裂缝。卵柄除有附着作用外，

烟粉虱成虫

烟粉虱成虫（显微摄影）

在授精时充满原生质，有导入精子的作用。卵不规则散产在叶片背面，初产时淡黄绿色，孵化前颜色加深，为深褐色。

若虫 若虫期变化复杂，除1龄若虫能自由活动外，其余龄期后足退化，固定在原位直到成虫羽化。1龄若虫椭圆形，长×宽约0.27毫米×0.14毫米，有3对发达、各有4节的足和1对3节的触角，体腹部平，背部微隆起，淡绿色至黄色，腹部透过表皮可见2个黄点。大多2～3天蜕皮进入2龄。在2、3龄时，足和触角退化至仅剩1节，在体缘分泌蜡质，蜡质有帮其附着在叶上的作用。体椭圆形，腹部平，背部微隆起，淡绿色至黄色，2、3龄体长分别约为0.36毫米和0.50毫米。

烟粉虱若虫及伪蛹

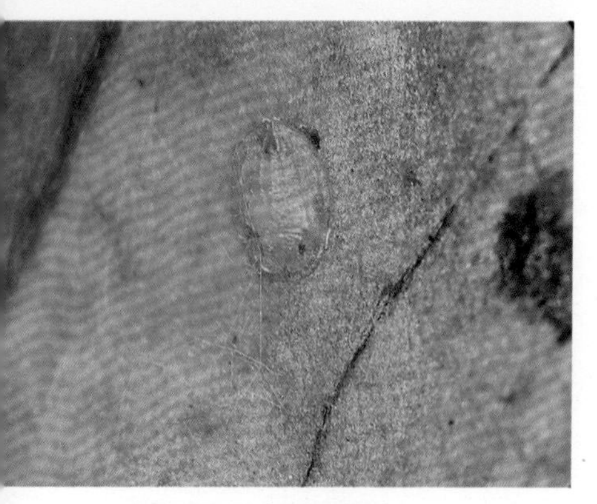

烟粉虱伪蛹（显微摄影）

伪蛹 即4龄（末龄）若虫，形态特征变化多样。蛹壳黄色，长0.6～0.9毫米，有2根尾刚毛，背面有1～7对粗壮的刚毛或无毛。管状孔三角形，长大于宽，孔后端有小瘤状突起，孔内缘具不规则齿。盖瓣半圆形，覆盖孔口约1/2。舌状器明显伸出于盖瓣之外，呈长匙形，末端具2根刚毛。腹沟清楚，由管状孔后通向腹末，其宽度前后相近。

发生特点

烟粉虱主要在热带、亚热带及相邻的温带地区发生。在适宜的气候条件下，1年发生11～15代，世代重叠。在设施栽培中各种虫态均可越冬，在自然条件下一般以卵或成虫在杂草上越冬。夏天，成虫羽化后1～8小时内交尾。秋天、春天羽化后3天内交尾。成虫可在植株内或植株间作短距离扩散，大范围的苗木、种苗调运使其长距离传播，还可借助风力或气流作长距离迁移。暴风雨能抑制其大发生，高温干旱季节发生重。

成虫喜欢无风温暖天气，有趋黄性，气温低于12℃停止发育，14.5℃开始产卵，适宜其生长发育的温度为21～33℃，高于40℃时成虫死亡；相对湿度低于60%时成虫停止产卵或死去。由于该虫繁殖力强，种群数量庞大，几乎每月出现一次种群高峰，每代15～40天。成虫寿命10～24天，产卵期2～18天。每雌产卵66～300粒，产卵量依温度、寄主植物和地理种群不同而异。卵多不规则散产于植株中部嫩叶背面(少见叶正面)，夏季卵期3天，冬季33天。若虫3龄，龄期9～84天，伪蛹2～8天。

烟粉虱主要以成虫、若虫刺吸植株汁液为主，引起植物生理异常，导致受害叶片褪绿、萎蔫或枯死；分泌

大豆豆荚受害后颜色变白（右为正常）

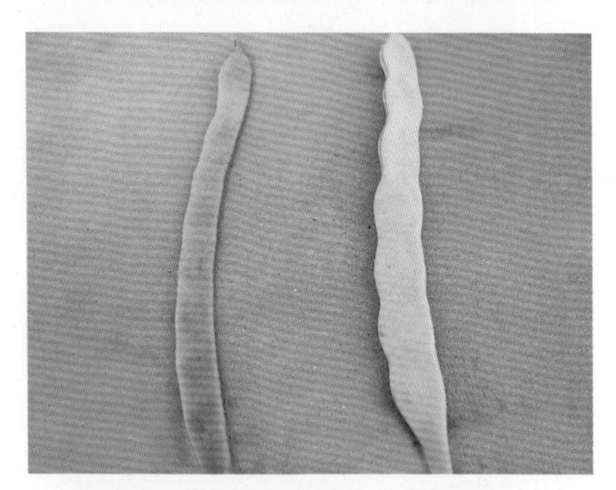

菜豆豆荚受害后颜色变白（左为正常）

大豆籽粒受害后颜色变白（右为正常）.

烟粉虱分泌蜜露诱发大豆煤污病

烟粉虱分泌蜜露诱发煤污病，大豆豆荚发黑

蜜露诱发煤污病，影响植株的光合作用，使植株生长不良；传播双生病毒等多种植物病毒病，常导致植物病毒病大流行，使作物严重减产甚至绝收。

防治要点

①农业防治。育苗前清除杂草和残留株，彻底杀死残留虫源，培育无虫苗；与十字花科蔬菜进行换茬，避免豆类作物与黄瓜、番茄混栽以减轻发生；田间作业时，结合整枝打杈，摘除植株下部枯黄老叶，以减少虫源。在设施栽培秋冬茬种植烟粉虱不喜好的半耐性叶菜，如芹菜、生菜、韭菜等，从越冬环节切断其自然生活史。②保护地在夏季休闲时，密闭通风口，进行高温闷棚，利用棚内50℃的高温杀死虫卵，持续两周左右。冬季换茬时裸露1～2周，利用外界的低温有效杀死各虫态烟粉虱。③黄板诱杀成虫。从成虫始盛期开始，每亩设置30个诱杀点，每个点悬挂1张黄板。黄板底边约高于作物冠层10厘米，设施栽培中黄板平面与棚室通风口相垂直，露地栽培中黄板平面与主风向相垂直。④药剂防治。1～2龄若虫始盛期，可选用22%特福力（氟啶虫胺腈）悬浮剂1500倍液，或10%倍内威（溴氰虫酰胺）可分散油悬浮剂500倍液，或10%隆施（氟啶虫酰胺）水分散粒剂1500倍液，或25%阿克泰（噻虫嗪）水分散粒剂8000倍液，或22%威得勇（螺虫·噻虫啉）悬浮剂1500倍液，或24%亩旺特（螺虫乙酯）悬浮剂1500倍液等喷雾防治。注意交替用药，以延缓抗药性的产生。

专家提醒

烟粉虱极易对农药产生抗药性，在进行药剂防治时应尽量选用对天敌杀伤力小的选择性药剂，并合理轮用、混用不同作用机理的农药和严格控制使用浓度，以避免或延缓抗药性的产生，延长药剂使用寿命，保障防治效果。

大豆蚜

学名 *Aphis glycines* Matsumura

大豆蚜无翅孤雌蚜与若蚜

大豆蚜有翅孤雌蚜与若蚜

大豆蚜属半翅目蚜科，主要为害大豆、野生大豆、鼠李、圆叶鼠李等作物。分布于我国东北、华北、华南、西南地区及内蒙古、宁夏、台湾等地。

形态特征

无翅孤雌蚜 长椭圆形，体长1.3～1.6毫米，黄色至黄绿色。额瘤不明显。触角短于躯体，第4、5节末端及第6节黑色，第6节鞭部为基部长的3～4倍。腹部第1、7节有锥状钝圆形突起。尾片圆锥形，有长毛7～10根。臀板具细毛。

有翅孤雌蚜 长椭圆形，体长1.2～1.6毫米，头、胸黑色，额瘤不明显。触角长约1.1毫米，第3节具次生感觉圈3～8个，第6节鞭部为基部长的2倍以上。腹部圆筒状，基部宽，黄绿色。腹管基半部灰色，端半部黑色。尾片圆锥形，有长毛7～10根。臀板末端钝圆形，多毛。

大豆蚜群集为害嫩梢

大豆蚜分泌蜜露，吸引蚂蚁取食

大豆蚜传播病毒病并分泌蜜露诱发煤污病

发生特点

大豆蚜从北到南年发生10～20多代，南方无越冬期，北方寒冷多以卵在植物基部或土缝中越冬，温暖地区以无翅胎生雌蚜越冬。翌年春季，日平均气温高于10℃时，越冬卵孵化为干母，以后孤雌胎生繁殖后代，有翅孤雌蚜开始迁飞至大豆田，为害幼苗。5—7月、9—10月为为害盛期。适温干旱有利于蚜虫发生。

瓢虫幼虫捕食大豆蚜

防治要点

①农业防治。蔬菜收获后及时清理田间残株败叶，铲除杂草。菜地周围种植玉米屏障，阻止蚜虫迁入。②物理防治。在田间覆盖银灰膜，每亩用膜5千克；或在大棚周围悬挂银灰色薄膜条（10～15厘米宽），每亩用膜1.5千克，以驱避蚜虫；也可用银灰色遮阳网、防虫网覆盖栽培。③药剂防治。防治蚜虫宜尽早用药，将其控制在点片发生阶段。可选用50克/升英威（双丙环虫酯）可分散液剂，或20%啶虫脒乳油3000倍液，或10%烯啶虫胺水分散粒剂1500倍液，或22%特福力（氟啶虫胺腈）1500倍液，或20%护瑞（呋虫胺）可溶性粒剂3000倍液，或10%吡丙醚乳油800倍液等喷雾防治。喷雾时喷头应向上，重点喷施叶片背面。保护地也可选用烟剂熏杀，在棚室内分散放4～5堆，暗火点燃，密闭3小时左右即可。

专家提醒

豆科蔬菜慎用吡虫啉、杀虫双、杀虫单及辛硫磷等，以防药害。

花生蚜

学名 *Aphis craccivora* Koch

别名 豆蚜、苜蓿蚜

花生蚜属半翅目蚜科，主要为害豇豆、菜豆、蚕豆、豌豆、花生、黄花苜蓿、紫云英等，为大豆产区常发害虫之一。

形态特征

无翅胎生雌蚜 体形肥胖，长1.8～2.4毫米。体色有黑色、墨绿色、紫黑色等多种，具光泽，体表覆盖均匀的蜡粉。触角共6节，第1、2、5、6节为黑色，其余为黄白色。腹管黑色，长圆形，具瓦纹。尾片黑色，圆锥形，两侧各具长毛3根。

有翅胎生雌蚜 体长1.5～1.8毫米，翅展5～6毫米，黑色或黑褐色且带有光泽。触角共6节，第1、2节为黑褐色，第3～6节为黄白色，节间

花生蚜无翅胎生雌蚜与若蚜

花生蚜有翅胎生雌蚜、若蚜与蜕

花生蚜群集为害豇豆花蕾

花生蚜群集为害豇豆

花生蚜群集为害蚕豆

褐色，第3节有5～7个感觉圈。腹管较长。

若蚜 共4龄，体形和体色与无翅成蚜相似，一般为灰紫色或黑褐色。

发生特点

花生蚜在浙江、江西等地年发生30代，山东为20代，华南地区为30～40代。以成蚜、若蚜在蚕豆、冬豌豆、紫云英等豆科作物的心叶或叶背越冬。翌年3月间平均气温达到8～10℃时开始在越冬寄主繁殖，4月下旬至5月上旬为全年的发生高峰期。5月后迁到菜豆、豇豆、花生等作物上继续繁殖为害，虫口密度大，为害严重。8月产生有翅蚜向秋豇豆和秋菜豆迁飞繁殖为害，10月下旬以后随气温下降和寄主衰老，又产生有翅蚜向紫

瓢虫幼虫猎食花生蚜

云英、蚕豆等冬寄主作物转移并越冬。

花生蚜迁飞能力较强，有很强的趋黄性，对银灰色有负趋性。成蚜或若蚜群集刺吸嫩叶、嫩茎、嫩花及嫩荚的汁液，造成叶片卷缩发黄，豆荚发黄，影响开花结实，使植株生长不良。还可分泌大量“蜜露”，引起煤污病，使叶面铺上一层黑色霉菌，影响光合作用，造成严重减产。

花生蚜发育的最适温度为22～26℃，相对湿度为60%～70%。在此条件下，雌蚜寿命可达10天以上，平均每雌胎生若蚜100多只。若蚜历期仅4～6天。

防治要点

参照“大豆蚜”。

豌豆修尾蚜

学名 *Megoura japonica*（Matsumura）

别名 蚕豆修尾蚜

豌豆修尾蚜属半翅目蚜科，主要为害豌豆、蚕豆、大豆等豆科植物。全国各地均有发生。

形态特征

豌豆修尾蚜无翅孤雌蚜与若蚜

无翅孤雌蚜 体长3.7～4毫米，宽1.6～1.7毫米，草绿色，体表具网纹和曲横纹。头黑色，长有14根毛，中额平，额瘤隆起外倾，额沟梯形。触角总长约4.2毫米，第3节长约1.1毫米，有毛25～26根和次生感觉圈11～51个。前胸黑色，中胸背具不规则横带，各胸节具大缘斑，后胸有断续中侧小斑。第1～6腹节各有2对中毛，2对侧毛，2～3对缘毛，第1腹节有缘毛1对，第7～8腹节各具横带。腹管长筒状，具2个前大后小的方形斑块，约与尾片等长。尾片黑色，长锥形，有长曲毛11～16根。

有翅孤雌蚜 头、胸均为黑色，腹色浅，第1～6腹节有缘斑，腹管前后斑融合后围绕整个腹管，第7～8腹节呈横带状，触角第3节有次生感觉圈46～87个，第4节有9～34个。

发生特点

豌豆修尾蚜为害蚕豆、豌豆的盛期在4—6月，主要在嫩枝和叶背上为害，造成茎叶卷缩，节间缩短，抑制生长，影响产量。

防治要点

参照“大豆蚜”。

豌豆修尾蚜群集为害蚕豆嫩梢

大青叶蝉

学名 *Cicadella viridis*（Linnaeus）

别名 青叶跳蝉、青叶蝉、大绿浮尘子

大青叶蝉属半翅目大叶蝉科，是大豆、菜豆、白菜、甘蓝、番茄、茄子、马铃薯、莴苣、芹菜、菠菜等多种蔬菜作物的重要害虫。全国各地均有发生。

大青叶蝉成虫

形态特征

成虫 体长7～10毫米，青绿色，雄虫比雌虫略小。头部橙黄色，左右各有1个小黑斑。触角鬃状。复眼黑褐色，有光泽。头部背面有2只单眼，两单眼间有2个多边形黑斑点。前胸背板前缘黄色，其余为深绿色。前翅革质，绿色微带青蓝，末端灰白色，半透明。前翅背面、后翅和腹背均为烟熏色，腹部两侧和腹面为橙黄色，足为黄白色至橙黄色。

卵 长卵圆形，微弯曲，一端较尖，长约1.6毫米，乳白色至黄白色。

若虫 共5龄，与成虫相似。老熟若虫体长6～8毫米，头大腹小。初孵幼虫为灰白色，2龄幼虫为浅灰色微带黄绿色，3龄以后体色转为黄绿色，胸、腹背面具明显的4条褐色纵列条纹，并出现翅芽。

发生特点

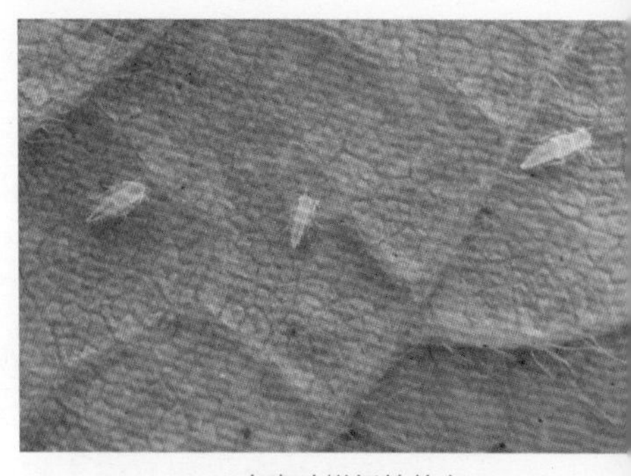

大青叶蝉低龄若虫

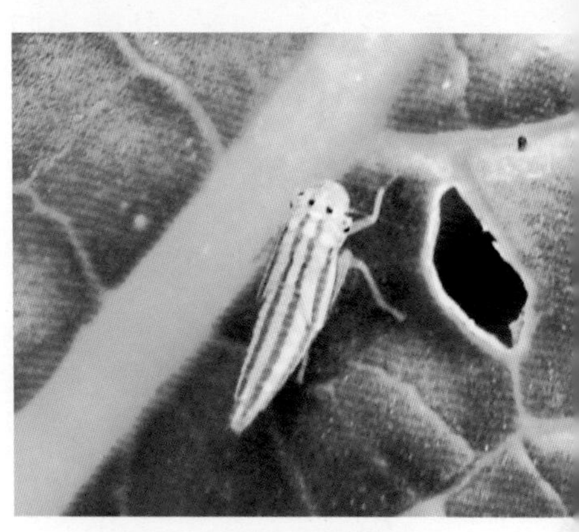

大青叶蝉高龄若虫

大青叶蝉在甘肃年发生2～3代，河北、山东为3代，湖北为5代，江西为5～6代。发生不整齐，世代重叠。在北方地区以卵在果树、柳树、白杨等树木枝条的表皮内越冬；而在广东等地冬季各种虫态均有，没有真正的越冬现象。北京地区越冬卵4月孵化，在杂草、蔬菜上为害。若虫期为30～50天，第1代成虫发生期为5月中下旬，第2代为6月末至7月末，第3代为8月中旬至9月中旬。

大青叶蝉善跳，早晚潜伏不动，午间高温时比较活跃。成虫具较强趋光性，喜聚集在矮生植物上，羽化20多天后交尾，交尾后1天即开始产卵，以产卵器刺破寄主植株表皮造成月牙形伤口。卵多块产于叶背主脉、叶柄、茎秆、枝条等伤口处组织内，每块含卵3～15粒，排列整齐。每雌可产卵30～70粒，产卵处的植物表皮成肾形突起。若虫一般早晨孵化。初孵若虫喜群集在寄主植物的枝叶上，随着龄期的增长，逐渐分散为害。若虫受惊后即斜行或横行，向背阴处逃避或四处跳动。大青叶蝉在叶片上刺吸汁液，使叶片褪绿、变黄，严重时造成叶片畸形卷缩，甚至整叶枯死。此外，大青叶蝉还可传播病毒病。

防治要点

一般无须单独防治。大发生年份可在成虫、若虫盛发期，连同周围杂草一并喷雾防治。防治药剂参照“大豆蚜”。

短额负蝗

学名 *Atractomorpha sinensis* Bolivar

别名 中华负蝗、尖头蚱蜢

短额负蝗属直翅目锥头蝗科，主要为害豆类、白菜、甘蓝、萝卜、茄子、马铃薯、玉米、甘薯、甘蔗、烟草、棉花、麻类、水稻、小麦等多种蔬菜和其他作物。全国各地均有分布，以东部地区发生居多。

形态特征

成虫 体长20～30毫米，头至翅端长30～48毫米，虫体绿色（夏型）

短额负蝗成虫

或褐色（冬型）。头呈长锥形，尖端着生1对触角，粗短、剑状。夏型成虫自复眼后下方沿前胸背板侧面的底缘有略呈粉红色的纵条纹，体表有浅黄色瘤状突起。前翅狭长，超过后足腿节顶端部分长度为全翅长的1/3，顶端较尖；后翅短于前翅，端部浅绿色，基部红色。

短额负蝗若虫

卵　长椭圆形，长2.9～3.8毫米，黄褐色至深黄色，中间稍凹陷，一端较粗钝，卵壳表面有鱼鳞状花纹。卵块产，卵粒倾斜排列成3～5行的卵块，卵囊由胶丝裹成。

若虫　共5龄。形态基本同成虫，翅芽由发育不全逐步过渡到发育健全。1龄若虫体长3～5毫米，体色草绿稍带黄，前、中足褐色，有棕色环若干，2龄后体色渐转绿色。

发生特点

短额负蝗在浙江、华北等地年发生1代，以卵在沟边土中越冬。常年在5月中下旬至6月中旬前后为孵化盛期，7—8月发育羽化为成虫，10月左右产卵越冬。

短额负蝗喜白天活动，一般在地面植被多、湿度大、双子叶植物茂密的环境中生活，尤在沟渠两侧发生偏多。成虫寿命长达30天以上。卵块产，每雌产卵150～350粒。若虫又称蝗蝻，初孵先取食幼嫩杂草，3龄后扩散为害绿叶蔬菜及豆科等作物。若虫在叶背剥食叶肉，低龄时留下表皮，高龄若虫和成虫将叶片咬成缺刻或洞孔，不仅影响植物的光合作用，而且还能传播细菌性软腐病影响植物生长。干旱年份发生严重。

短额负蝗若虫为害状

防治要点

①农业防治。在春、秋季节铲除田埂、地边5厘米以上的土块及杂草，晒干或冻死卵块，或重新加厚田埂，使孵化后的蝗蝻不能出土。利用冬闲深耕晒垡，减少越冬虫卵。②生物防治。保护利用青蛙、蟾蜍等捕食性天敌，一般发生年均可基本抑制为害。③药剂防治。发生较重年份，在7月初至7月中下旬初孵蝗蝻在田埂、渠堰集中为害双子叶杂草时，选用300克/升度锐（氯虫·噻虫嗪）悬浮剂2000倍液，或4.5%高效氯氰菊酯水乳剂1000倍液，或22%阿立卡（噻虫·高氯氟）微囊悬浮-悬浮剂6000倍液，或14%福奇（氯虫·高氯氟）微囊悬浮-悬浮剂2000～2500倍液，或50克/升百事达（顺式氯氰菊酯）乳油2000倍液等喷雾防治，视虫情每隔10天防治1次。

筛豆龟蝽

学名　*Megacopta cribraria*（Fabricius）

别名　豆平腹蝽

筛豆龟蝽属半翅目龟蝽科，是一种杂食性害虫，主要为害菜豆、扁豆、大豆、绿豆等豆科作物以及刺槐、杨树、桃树等多种植物。在我国，其分布北起北京、河北、山西，南至台湾，东到沿海地区，西至陕西、四川、云南、西藏等地。

形态特征

筛豆龟蝽成虫

筛豆龟蝽卵块

成虫　近卵圆形，体长4.3～5.4毫米，宽3.8～4.5毫米，浅黄褐色或黄绿色，具有微绿的光泽，密布黑褐色的小刻点。复眼红褐色，前胸背板有1列刻点组成的横线，小盾片基胝两端色浅，侧胝无刻点。各足胫节的整个背面具纵沟，腹部腹面两侧具辐射状的黄色宽带纹。雄虫小盾片后缘向内凹陷，露出生殖节。

卵　略呈圆桶状，长0.6～0.7毫米，宽约0.4毫米，初产时乳白色，后转为肉黄色。横置，一端为微微拱起的假卵盖，

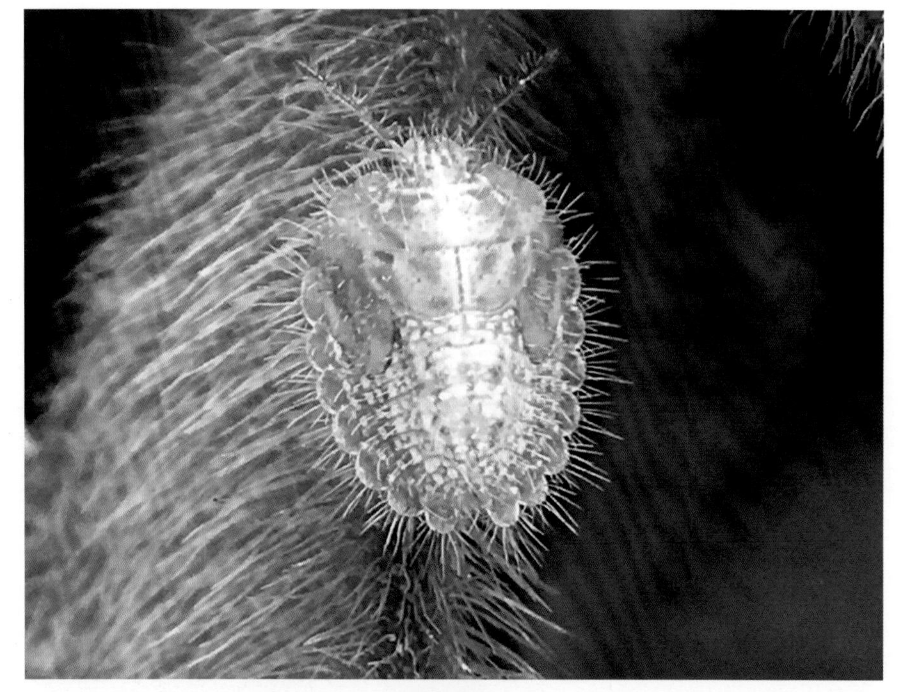

筛豆龟蝽若虫

另一端呈钝圆形。从背面看，中部具纵向凹陷，3条凹槽之间各有隆起。

若虫 共5龄。末龄若虫体长4.8～6毫米，浅黄绿色，覆盖黑白混生的长毛，其中以两侧的白毛为最长。3龄后体形呈龟状，胸、腹各节（后胸除外）两侧向外前方扩展成半透明的半圆形薄板。

发生特点

筛豆龟蝽在浙江年发生3代，江西为1～2代，以2代为主，世代重叠。以成虫在寄主植物附近的枯枝落叶下越冬。翌年4月上旬开始活动，4月中旬开始交尾，4月下旬陆续迁入春大豆田，5月中旬开始产卵，5月下旬进入孵化盛期，6月中旬为第1代若虫高峰期，7月上旬出现第1代成虫高峰期；7月中旬夏大豆出现迁入高峰并产卵，7月底至8月初为产卵高峰期，8月中旬为第2代若虫高峰期，8月下旬为第2代成虫高峰期；9月上旬出现第3代产卵高峰期，9月中旬出现第3代若虫高峰期，10月上旬为第3代成虫高峰期；11月下旬起陆续越冬。

筛豆龟蝽为害大豆

成虫将卵产于菜豆等作物的叶片、叶柄、托叶、荚果和茎秆上，平铺斜置成2纵行，共10～32粒，呈羽毛状排列。成虫、若虫均有群集性，常聚集在茎秆、叶柄和荚果上吸食汁液，影响植株生长发育，造成植株早衰、叶片枯黄、茎秆瘦短和豆荚不实。

防治要点

①农业防治。在作物收获后及时清除田间枯枝落叶和杂草，并带出田外销毁，消灭部分越冬成虫。②药剂防治。在成虫、若虫为害期，可选用10%倍内威（溴氰虫酰胺）可分散油悬浮剂2000倍液，或4.5%高效氯氰菊酯水乳剂1000倍液，或2.5%敌杀死（溴氰菊酯）乳油2000倍液，或5.7%氟氯氰菊酯乳油1500～2000倍液，或2.5%氯氟氰菊酯乳油2000～3000倍液，或10%氯氰菊酯乳油1500～2000倍液等喷雾防治。

点蜂缘蝽

学名 *Riptortus pedestris*（Fabricius）

点蜂缘蝽属半翅目缘蝽科，主要为害大豆、蚕豆、豇豆、豌豆、丝瓜、白菜等多种蔬菜作物及稻、麦、棉等粮食、经济作物。分布于浙江、江苏、江西、安徽、福建、湖北、四川、河南、河北、云南、西藏等地。

形态特征

点蜂缘蝽成虫

成虫 虫体狭长，长15～17毫米，宽3.6～4.5毫米，黄褐色至黑褐色，密布白色细绒毛。位于复眼前端的头部呈三角形，后面部分细缩如颈。触角的第1节长于第2节，第1、2、3节的端部稍膨大，基半部颜色较浅，第4节基部距1/4处色浅。喙伸达中足基节间。前胸背板及胸侧板具许多不规则的黑色颗粒，前胸背板前叶向前倾斜，前缘具领片，后缘有2个弯曲，侧角呈刺状。小盾片呈三角形。腹部侧接缘稍外露，黄黑相间。腹下散生许多不规则的小黑点，腹面具4枚较长的刺和几枚小齿。足与体同色，胫节中段颜色较浅，后足腿节粗大、有黄斑，基部内侧无突起，后足胫节向背面弯曲。前翅膜片浅棕褐色，稍长于腹末。

卵 半卵圆形，长约1.3毫米，宽约1毫米，附着面弧状，表面平坦，中间有1条不太明显的横形带脊。

若虫 共5龄。1～4龄体形似蚂蚁，5龄体形与成虫相似，只是翅膀较短。

点蜂缘蝽若虫

发生特点

点蜂缘蝽在江西年发生3代，以成虫在枯枝落叶或草丛中越冬。翌年3月下旬开始活动，4月下旬至6月上旬产卵。第1代若虫于5月上旬至6月中旬孵化，6月上旬至7月上旬发育为成虫，6月中旬至8月中旬产卵。第2代若虫于6月中旬末至8月下旬孵化，7月中旬至9月中旬发育为成虫，8月上旬至10月下旬产卵。第3代若虫于8月上旬末至11月初孵化，9月上旬至11月中旬发育为成虫，并于10月下旬以后陆续越冬。

点蜂缘蝽极其活跃，往往群集为害，但早、晚温度低时稍迟钝。卵多散产于叶背、嫩茎和叶柄上，有少数两粒粘在一起。每只雌成虫产卵21～49粒。点蜂缘蝽刺吸汁液，导致花蕾、花朵凋落，豆荚不实，严重时导致整株枯死，影响作物产量。

防治要点

参照“筛豆龟蝽”。

学名　*Eysarcoris guttigerus*（Thunberg）

二星蝽属半翅目蝽科，为害豆科、茄科作物及玉米、高粱、水稻、小麦、无花果等多种作物。主要分布在浙江、江苏、福建、广东、广西、湖北、四川、陕西、山西等地。

形态特征

成虫　卵形，体长4.5～5.6毫米，宽3.3～3.8毫米，黄褐色，密被黑色刻点。头部黑色，喙浅黄色，长达后胸端部。触角5节，浅黄褐色。胸部密布黑色小刻点，前胸背板侧角短，背板的胝区黑斑前缘可达前胸背板前缘，在小盾片基角具2个光滑的黄白色小圆斑。腹部腹面黑色，节间明显，气门黑褐色。足浅褐色，密布黑色小刻点。

二星蝽成虫

发生特点

二星蝽在山西年发生4代，以成虫在杂草丛中及枯枝下越冬。翌年3—4月越冬成虫开始活动，将卵产于植株叶背、穗芒或托叶上，数十粒排成1～2列，也有不规则的。8—9月，成虫多爬行在大豆荚或叶柄上，不爱飞行。成虫具趋光性和假死性。二星蝽在寄主作物的茎秆、叶柄、嫩芽、荚果上吸食汁液，影响作物产量和质量。

防治要点

参照“筛豆龟蝽”。

二星蝽若虫

二星蝽若虫为害大豆

红背安缘蝽

学名 *Anoplocnemis phasianus*（Fabricius）

红背安缘蝽属半翅目缘蝽科，主要为害大豆、豇豆、菜豆、绿豆、花生、合欢及瓜类、竹类等多种作物。分布于浙江、江西、福建、广东、广西、云南、河南、吉林等地。

形态特征

成虫 体长20～27毫米，宽8～10毫米，棕褐色。触角第4节棕黄色。前胸背板中央具1条浅色纵带纹；侧缘直，具细齿；侧角钝圆；后胸臭腺孔和腹部背面橙红色。雌虫第3节腹板中部向后稍弯曲；后足腿节稍弯曲，近端处有一小齿突。雄虫第3节腹板中部向后扩展成瘤突，伸达第4节腹板的后缘；后足腿节粗壮且十分弯曲，内侧基部有显著的短锥突，近端部扩展成三角形的齿状突；生殖节后缘宽圆形，中央稍凹陷。

红背安缘蝽雄成虫

红背安缘蝽雌成虫

卵 略呈腰鼓状，长2.2～2.6毫米，初产时浅褐色，后变成暗褐色。横置，下方平坦，密布白粉。

若虫 共5龄。1龄若虫体形似蚂蚁，体长3～4毫米，黑色，胸部背板后缘平直；2龄体长5～6毫米，黑色，触角第4节基部黄褐色，中胸背板后缘向后屈；3龄体长7～9毫米，黑色或灰黑色，触角第3节基部、第4节基部1/2处及末端黄褐色，中、后胸背板侧后缘向后伸展成翅芽；4龄体长10～14毫米，灰黑色或灰褐色，触角除第1、2、3、4节基部和第4节末端为黄褐色外，其余为黑色，翅芽伸达腹部背板第2节后缘或第3节前缘；5龄体长15～18毫米，灰褐色或黄褐色，触角除第2、3节端部为黑色外，其余为红褐色，翅芽伸达腹部背面第3节后缘或第4节前缘。

发生特点

红背安缘蝽在长江以北地区年发生1代，在长江以南地区年发生2代，以成虫在寄主植物附近的枯枝落叶下越冬。翌年4月中下旬开始活动、交尾。5月上旬至7月中旬产卵，卵产于茎秆及附近的杂草上，聚产横置，纵列成串，每雌可产卵40～85粒。6月底至7月下旬越冬成虫陆续死亡。第1代若虫5月中旬至7月底孵化，6月中旬至8月底发育为成虫，7月上旬至9月上旬产卵，8月下旬至9月中旬成虫陆续死亡。第2代若虫7月中旬至9月中旬孵化，8月下旬至10月下旬先后发育为成虫，11月陆续进入越冬状态。

红背安缘蝽遇惊坠地，具假死性，常群集在嫩茎或豆荚上刺吸豆荚、嫩芽的汁液，导致籽粒萎缩、嫩芽枯萎，影响作物产量和质量。

防治要点

参照“筛豆龟蝽”。

斑须蝽

学名 *Dolycoris baccarum*（Linnaeus）

别名 细毛蝽、臭大姐

斑须蝽属半翅目蝽科，主要为害豌豆、白菜、油菜、甘蓝、萝卜、胡萝卜、葱、甜菜、稻、麦、玉米、高粱、谷子、麻类、烟草、果树等多种作物。全国各地均有分布，是蝽类昆虫中分布最广的种类之一。

形态特征

成虫 椭圆形，体长8～13.5毫米，宽约6毫米，黄褐色或紫色，密布白绒毛和黑色小刻点。头黑褐色；触角5节，黑白相间；喙细长，紧贴于头部腹面；后缘常呈暗红色；小盾片末端钝而光滑，黄白色；翅革片浅红褐色，翅端长于腹部。

斑须蝽成虫

卵 桶形，长约1毫米，宽约0.75毫米，初产时浅黄色，后变赭灰黄色。卵壳有网纹，密被白色短绒毛。

若虫　共5龄，与成虫相似。

斑须蝽若虫

发生特点

斑须蝽在全国从北到南年发生1～4代，吉林为1代，辽宁、内蒙古、宁夏为2代，黄淮以南地区为3～4代。以成虫在枯枝落叶、田间杂草、植物根际、树皮、墙缝及屋檐下越冬。在浙江、安徽等3代发生区，越冬代成虫通常于3月中下旬开始活动，4月初交尾产卵，4月中下旬幼虫孵化，第1代成虫5月下旬发育为成虫，6月初进入产卵盛期，第2代成虫发生期在7月上旬至9月上旬，第3代成虫发生期在8月中旬至11月，11月后成虫陆续越冬。

成虫行动敏捷，能飞善爬，多把卵产在叶面或叶背及嫩茎上。卵块产，每块有卵10～20粒，最多达40余粒，每雌产卵26～112粒。初孵若虫先聚集在卵壳上或卵块四周不动不食，需经2～3天蜕1次皮后才分散取食。斑须蝽以刺吸植株汁液进行为害。

斑须蝽发育的最适温度为24～26℃，相对湿度为80%～85%。卵历期随温度变化而变化，17～20℃时为5～6天，21～26℃时为3～4天，若虫历期40多天，成虫寿命12～14天，最长的约29天。

防治要点

①农业防治。在成虫产卵期人工摘除卵块，及时清除田间的枯枝落叶和杂草，并将其带出田外销毁；冬耕时消灭部分越冬成虫。②药剂防治。在成虫盛发期和若虫分散为害前进行喷雾防治，防治药剂参照“筛豆龟蝽”。

稻绿蝽

学名 *Nezara viridula*（Linnaeus）

别名 稻青蝽、稻麦蝽、打屁虫、屁巴虫

稻绿蝽属半翅目蝽科绿蝽属，除全绿型外还有点斑型和黄肩型。主要为害大豆、水稻，此外，还为害高粱、棉花、麻类、花生、马铃薯、番茄、白菜、甘蓝、豆类蔬菜等，是粮食和油料作物上的重要害虫之一。除新疆、宁夏、黑龙江外，全国各地均有分布。

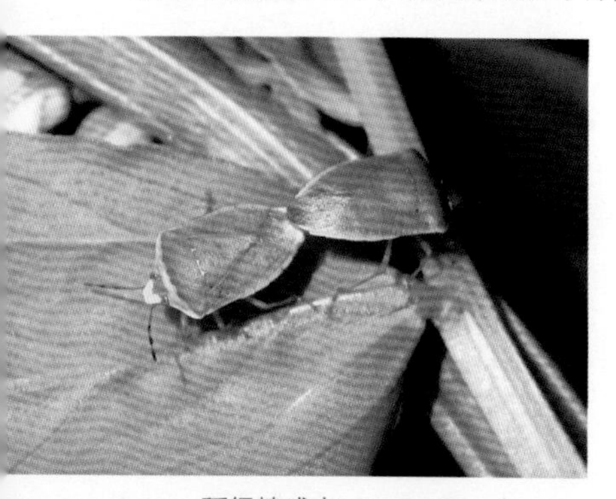

稻绿蝽成虫

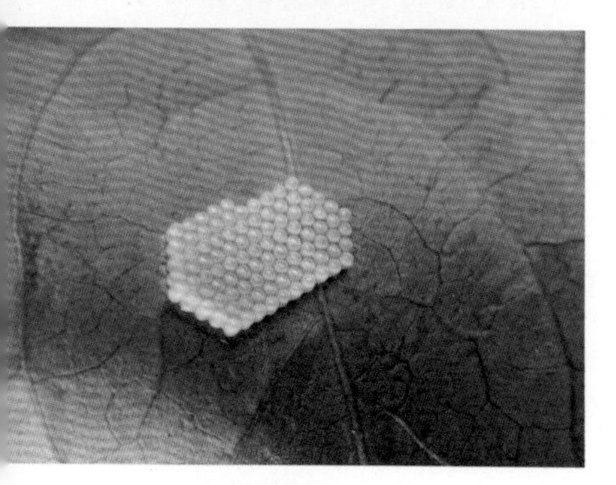

稻绿蝽卵块

形态特征

成虫 体长1.2～5.5毫米，全绿型全体青绿色，体背色较浓而腹面色略淡，复眼黑色，单眼暗红，触角第四、五节末端黑色，小盾片基部有3个横列的小黄白点，前翅膜区无色透明。黄肩型在两复眼间之前以及前盾片两侧角间之前的前侧区均为黄色，其余部分为青绿色。点斑型体背黄色，小盾片前半部有3个横列绿点，基部亦有3个小绿点，端部的1个小绿点与前翅革片的小绿点排成1列。

卵 桶形，长1.2～1.5毫米，宽0.8～1毫米，初产时乳白色，几小时或1天后变淡黄色，后变黄色，快孵化时为红褐色。顶端有圆盖，盖周围有小齿状突起。假卵盖稍突起，周缘具一黄褐色

环纹，上有白色短棒状精孔突24～30枚。卵壳上被有少量白色绒毛。卵块呈四边形或长方形。

稻绿蝽初孵若虫群

若虫 共5龄。

1龄若虫椭圆形，体长1.2～1.7毫米，体宽0.9～1.3毫米，初孵时橙黄色，后变黄褐或赤褐色，胸部暗褐色。中央有1个圆形黄斑，第二腹节有1个长形白斑，第五、六腹节近中央两侧各有4个黄斑，排成梯形。胸、腹边缘具半回形橘黄斑。

2龄若虫体长2.0～2.3毫米，体宽1.8～2.1毫米，黑色，或头、胸和足黑色，腹部绿色，前、中胸背板两侧各有1个黄斑，腹背第一、二节有2个长形黄白色斑，第三、五节背中央各具1个隆起黑斑，上有臭腺孔各1对。

3龄若虫体长4.0～4.5毫米，体宽3.0～3.7毫米。黑色，或头、胸黑色，腹部绿色。第一、二腹节背面有4个横长形的浅黄白斑，第三腹节至腹末背板两侧各具6个浅黄白斑，中央两侧各具4个对称的浅黄白斑。小盾片和前翅芽初现。3龄若虫体色多变，以黑白相间较多，爬行快而活跃。

4龄若虫体长5.2～7.5毫米，体宽3.8～5.2毫米。体色变化较复杂，多数个体头部有1倒“T”形黑斑，中胸黑色，腹部绿色。体上斑纹同3龄。小盾片明显，前翅芽达第1腹节后缘。

5龄若虫体长7.5～12毫米，宽5.4～6.1毫米。底色绿，触角第3、4节黑色。前胸与翅芽上散生黑点，前翅芽达第3腹节前缘，外缘橙红。腹部背面第2至4节中央各具1个红斑，第3、4节红斑两端各具1对臭腺孔，腹部边缘的半圆形斑亦为红色。足赤褐色，节黑色。

稻绿蝽低龄若虫

稻绿蝽高龄若虫

发生特点

稻绿蝽的年发生代数在我国南北各不相同。山东年发生2代，广东年发生4代，江西南昌年发生3代，世代重叠。各地均以成虫在杂草丛中、土缝、树洞、林木茂盛处越冬，常有聚集在一处的习性。江西南昌越冬成虫于3月下旬始出土，4月上、中旬盛出，4月下旬开始交尾，5月中旬初开始产卵。从5月下旬至11月上旬，田间可见各虫态。11月上旬至12月中旬成虫陆续蛰伏越冬。

稻绿蝽雌虫较雄虫肥大，完成羽化约需10分钟，羽化后静伏1～3小时后开始活动，集中为害花穗、幼荚和嫩果。1头雄虫能与多头雌虫交尾，且有多次交尾习性，一般白天交尾晚上产卵。卵多块产于叶背，每雌产卵1～3块，多数1块。每块卵粒数一般17～146粒，多数为50～100粒。

成、若虫均有取食同类卵粒成空壳的现象。成虫寿命较长，越冬成虫可成活5～7个月。成虫趋光性较强。20：00～21：00上灯率最高，阴天晚上上灯多于晴天。成、若虫有趋浓绿习性。虫口密度以距田边1米内的密度高于田中部。成、若虫有较强的假死性。在露水干后的中午，虫体活跃，稍有触动，马上下坠，后逃跑或远飞。成、若虫中午躲在植株下部，下午集中于植株上部。

初孵若虫停息于卵壳上，1.5～2天后即开始在卵壳附近取食，取食后仍返回卵壳上栖息。2龄后群集植株上部为害，活动范围不大，少数2龄若虫亦有返回卵壳上栖息的习性。3龄后扩散为害。若虫喜食嫩荚和嫩秆。

我国南方早、中、晚稻混栽程度大，作物布局复杂，大豆、玉米、棉花、芝麻等间作套种，为稻绿蝽各代提供了丰富的食料，有利于虫量积累。

随着海拔的升高、温度的降低，成虫始见期有推迟现象。海拔250米为4月下旬，海拔360米为5月中旬，海拔450米为7月中、下旬。月均温为22.3℃时始见成虫，月均温为21.2℃时始见期推迟。

稻绿蝽在同一地区有寄主季节转换习性，在不同地区有不同的嗜好寄主。如山东主要为害大豆和小麦，江西主要为害芝麻、水稻，广东主要为害水稻、大豆、花生、芝麻。

防治要点

①农业防治。冬、春季清除杂草和残枝落叶，消灭越冬虫源；在为害阶段人工捕杀成虫、若虫，在成虫产卵期人工摘除卵块，以减少虫害。②诱杀成虫。采用频振式杀虫灯诱杀成虫。③药剂防治。在成虫盛发期和若虫分散为害前进行喷雾防治，防治药剂参照“筛豆龟蝽”。

专家提醒

稻绿蝽是一种迁飞转移性极强的害虫，使用一般常规性农药很难达到防治效果，可以选择内吸、高效、广谱型杀虫剂，结合防治其他害虫一并进行。如3%啶虫脒乳油1500倍液不仅防治蚜虫效果较好，对稻绿蝽击倒速度也较快，防治效果明显。

蚕豆象

学名 *Bruchus rufimanus* Boheman

蚕豆象成虫

别名 豆牛、豆乌龟、蚕豆红脚象

蚕豆象属鞘翅目豆象科。寄主单一，仅为害蚕豆。原产欧洲，现遍及我国华东、华中、华南等蚕豆产区，是蚕豆生产中的重要害虫，也是重要的仓储害虫。

形态特征

成虫 椭圆形，体长4～5毫米，宽约2.7毫米，黑色。头部密布刻点，着生黄褐色与浅黄色的毛；触角锯齿形，基部4节；上唇与前足浅褐色。前胸背板宽，前端中间与两侧各有1个白色毛斑，两侧中间有1枚向外的钝齿，后缘中叶有1个三角形

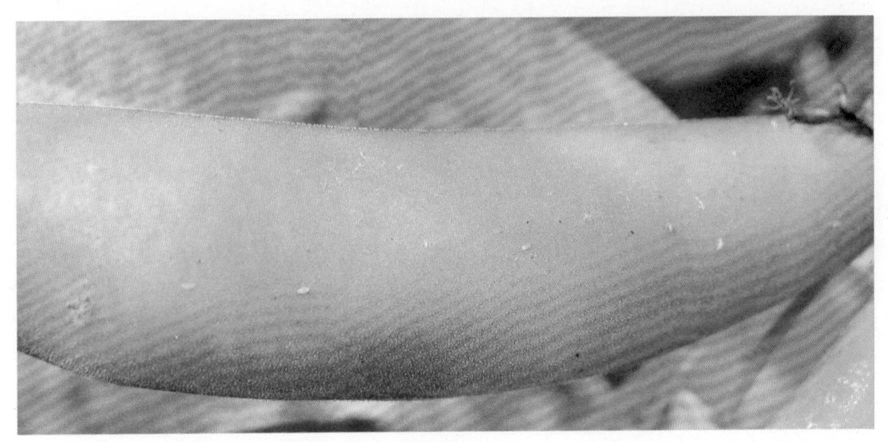

蚕豆象卵

的白色毛斑，小盾片接近方形，后缘凹陷。鞘翅具小刻点，密布褐色或灰白色毛，各有10条纵纹，近翅缝向外缘有灰白色毛点形成的横带，臀板中间两侧有2个不明显的斑点。腹部腹板两侧各有1个灰白色毛斑。后足腿节近端部外缘有1枚短而钝的齿。

卵 初产时乳白色，后转为黄白色，孵化前变为黄中略带红。

幼虫 老熟幼虫体长约6毫米，乳白色。上颚较大，额前有1条红褐色带包围触角基部；色带较宽，向两侧延伸并在前缘中央向下弯曲；背部隆起有1条红褐色线条。

蛹 前胸背板及鞘翅上密生细而皱的条纹，前胸两侧各具1个不明显的齿状突起。

发生特点

蚕豆象在全国各地均为1年发生1代，成虫多数在籽粒内、仓库角落及包装物缝隙中越冬，少数在田间作物的残株、杂草或砖石下越冬。翌年春季3月中旬或4月上旬越冬成虫飞入蚕豆地，3月底至4月初出现成虫活动高峰期并开始产卵。在同一地块的籽粒上，卵粒均匀分布，其产卵期常与蚕豆结荚期相吻合，卵多散产于豆枝中下部的11～20天的嫩荚上，每荚产卵1～5粒，多的可达20粒。每雌平均产卵35～40粒，卵期为7～12天。幼虫孵化后即蛀入豆荚鲜籽粒内取食为害，初孵幼虫的蛀入孔很小，在鲜食蚕豆表面留有针尖状的黑褐色小点。幼虫期为96～133天，5月下旬至7月上旬是幼虫发生盛期，8月为化蛹盛期，蛹期为5～12天。8月上旬至9月下旬，成虫羽化并在籽粒内越冬，如遇惊扰可爬出籽粒飞至角落缝隙处越冬。成虫抗逆力强，可耐饥4～5个月，在冷水中浸16天，仍能存活，寿命可达230天左右。蚕豆象以幼虫蛀食籽粒为害，幼虫随籽粒入仓，继续在籽粒内取食，将籽粒蛀食成空洞，影响作物产量和质量，可造成严重损失。如果蚕豆胚部受害或单个籽粒上有多个羽化孔时，还影响其发芽，间接影响下一年产量。

防治要点

①种子处理。种子采后用开水浸烫30秒钟，不断搅拌，然后立即取出放入冷水中，使温度迅速下降，晒干后贮藏；或在采后及时把豆粒暴晒5～6天晒干，置入容器内，每1000千克种子用56%磷化铝片剂3～10片密闭熏蒸处理，熏蒸3天后，取出药包，散气4～5天后贮藏备用。②药剂防治。在成虫产卵盛期及卵孵盛期，可选用4.5%高效氯氰菊酯水乳剂1000倍液，或5%甲氨基阿维菌素苯甲酸盐乳油1000～1500倍液，或5%阿维菌素乳油1000～1500倍液等喷雾防治产卵的成虫和初孵幼虫，视虫情每隔5～6天施用1次，连续防治2～3次。喷雾时尽量使每个豆荚均匀着药，以提高防治效果。

豌豆象

学名 *Bruchus pisorum*（Linnaeus）

别名 豆牛、豌豆虫

豌豆象属鞘翅目豆象科，主要为害豌豆、扁豆。原产欧洲，现已分布全世界，我国多数省份均有不同程度的发生和为害，尤以江苏、浙江、安徽、山东、陕西等地为害较重。

形态特征

豌豆象成虫

成虫 长椭圆形，体长4～5毫米，宽2.6～2.8毫米，黑色。触角基部4节，前足、中足的胫节和跗节为浅褐色至褐色。头具刻点，覆盖浅褐色的毛。前胸背板较宽，刻点密，覆盖黑色与灰白色的毛，后缘中叶有三角形毛斑，前端窄，两侧中间前方各有1个向后指的尖齿。小盾片近方形，后缘凹陷，覆盖白色的毛。鞘翅具10条纵纹，覆褐色毛，沿基部混有白色毛，中部稍后向外缘有白色毛组成的1条斜纹，再后近鞘翅缝有1列间隔的白色毛点。臀板覆深褐色毛，后缘两侧与端部中间两侧有4个黑斑，后缘斑常被鞘翅所覆盖。后足腿节近端处外缘有1个明显的长尖齿。雄虫中足胫节末端有1根尖刺，雌虫则无。

卵 橘红色，较细的一端具两根长约0.5毫米的丝状物。

幼虫 复变态，共4龄。老熟幼虫体长5～6毫米，短而肥胖，多皱褶，略弯成“C”形，乳白色，头黑色。胸足退化成小突起，无行动能力。胸部气门圆形，位于中胸前缘。1龄幼虫略呈长条形，3对胸足短小无爪，前胸背板具刺。

蛹 长约5.5毫米，初为乳白色，以后头部、中胸、后胸的中央部分、胸足和翅转为浅褐色，腹部近末端略呈黄褐色。前胸背板侧缘中央略前方各具1个向后伸的齿状突起。鞘翅具5个暗褐色斑点。

发生特点

豌豆象在我国各地年发生1代，以成虫在储藏室缝隙、田间遗株、籽粒内、树皮裂缝、松土内及包装物等处越冬。翌春，在豌豆开花期越冬成虫飞至春豌豆地活动，各地迁入时间以当地豌豆开花结果期早晚而异，南方较早，北方较晚。在浙江、上海、江苏等地，4月上中旬越冬成虫开始活动，7月上中旬至8月上旬羽化为成虫，留在籽粒内越冬或羽化后经数日待体壁变硬后钻出籽粒飞至越冬场所越冬。

成虫具日出性，以晴天下午活动最盛，飞翔力强，可飞越3～7千米到达豌豆田。刚从越冬场所飞出的成虫，卵巢发育不全，需经6～14天取食豌豆花蜜、花粉、花瓣或叶片，进行补充营养后才开始交尾、产卵。卵一般散产于幼嫩豌豆荚两侧，多为植株中部的豆荚上。每雌可产卵700～1000粒，卵期为7～9天。幼虫孵化后即蛀入豆荚，以幼虫为害新鲜豌豆籽粒，影响产量、出粉率和种子发芽率。幼虫期为35～42天，老熟时在籽粒内化蛹。化蛹盛期在7月上中旬，蛹期为8～9天。成虫寿命可达330天左右，有的还可长达14～16个月，甚至更长。豌豆象发育起点温度为10℃，发育有效积温为360度·日。

防治要点

参照“蚕豆象”。

朱砂叶螨

学名 *Tetranychus cinnabarinus*（Boisduval）

别名 红蜘蛛、棉红蜘蛛、茄红蜘蛛、棉叶螨、红叶螨

朱砂叶螨属真螨目叶螨科，主要为害豇豆、大豆、菜豆、番茄、茄子、黄瓜、葱、蒜等蔬菜作物及豆科、茄科、葫芦科和百合科的其他作物。全国各地均有分布。

形态特征

成螨 椭圆形，雌螨体长0.42～0.51毫米，宽0.28～0.32毫米，雄螨

朱砂叶螨

朱砂叶螨群集为害状

体长0.26～0.36毫米，宽0.21～0.23毫米，体色常随寄主植物而异，多为锈红色或深红色，雄螨的体色比雌螨的稍浅。雌螨体背两侧各有1块倒“山”字形的黑褐色斑。雄螨头胸部前端近圆形，腹末稍尖，阳具端锤较小，其远近两侧突起皆尖，长度相近。有足4对。

卵 圆球形，长约0.13毫米。初产时无色透明，后渐变为浅黄色至深黄色，孵化前转为微红。

幼螨 近圆形，长约0.15毫米，有足3对。

若螨 与成螨相似。

发生特点

朱砂叶螨在华北等地年发生12～15

代，长江中下游地区为18～20代，华南地区为20代以上，世代重叠严重。在华北地区，以雌成螨在向阳处的枯枝落叶及土缝中越冬；在华中地区以各种虫态在杂草及树皮缝中越冬；在四川以雌成螨在杂草或豌豆、蚕豆等作物上越冬；在长江中下游地区以成螨和若螨在枯枝落叶内或土缝中、杂草丛中、树皮缝中越冬，且多为雌螨。翌年春季气温达10℃以上时，即开始大量繁殖。在长江中下游地区，3－4月先在杂草或其他寄主植物上取食，多于4月下旬至5月上中旬迁入菜田，6－8月是为害高峰期，10月中下旬开始越冬。

成螨羽化后即交尾，一生可多次交尾，第2天就可产卵。每雌产卵50～110粒，多单产于叶背，卵期为2～13天。也可营孤雌生殖，其后代全为雄性。幼螨和若螨发育历期为5～11天，成螨寿命为19～29天。朱砂叶螨在田间先点片为害下部叶片，而后向上蔓延，叶片愈老受害愈重。繁殖数量过多时，常在叶端群集成团，而后爬行或垂丝下坠借助风力扩散。

朱砂叶螨发育的最低温度为7.7～8.8℃，最适温度为29～31℃，最适相对湿度为35%～55%。当温度达30℃以上和相对湿度超过70%时，则不利于其繁殖。暴雨对虫口密度也有较好的抑制作用。朱砂叶螨在高温低湿的6－7月为害较重，尤其在干旱年份更容易大发生。

防治要点

①早春清除田间枯枝落叶和杂草，并耕作、整理土地，以消灭越冬虫态。②保护利用天敌，如深点食螨瓢虫、七星瓢虫、异色瓢虫、食螨瘿蚊、小花蝽、中结草蛉等控制螨害。③药剂防治。在成螨和若螨始盛期，可选用20%金满枝（丁氟螨酯）悬浮剂2000倍液，或43%爱卡螨（联苯肼酯）悬浮剂3000倍液，或95克/升螨即死（喹螨醚）乳油2000～3000倍液，或110克/升来福禄（乙螨唑）悬浮剂3000倍液，或240克/升螨危（螺螨酯）悬浮剂4000倍液等喷雾防治。

附　录

一、蔬菜作物禁(限)用的农药品种*

主要用途	中文通用名	禁用原因
杀虫剂/杀螨剂/杀线虫剂	苯线磷、地虫硫磷、对硫磷、甲胺磷、甲基对硫磷、甲基硫环磷、久效磷、磷胺、特丁硫磷、蝇毒磷、治螟磷、甲拌磷、甲基异柳磷、硫环磷、氯唑磷、内吸磷、硫线磷、水胺硫磷、氧乐果、克百威、涕灭威、灭多威、灭线磷、杀扑磷	高毒
	艾氏剂、滴滴涕、狄氏剂、毒杀芬、林丹、硫丹、六六六	高残留,持久有机污染
	杀虫脒	慢性毒性、致癌
	氟虫腈、氟虫胺	对蜜蜂、水生生物等剧毒
	三唑磷、毒死蜱	农药残留超标风险高
	乐果、乙酰甲胺磷、丁硫克百威	代谢产物高毒高残留
	三氯杀螨醇	工业品种含有一定数量的滴滴涕
杀菌剂	敌枯双	致畸
	福美胂、福美甲胂、汞制剂、砷类、铅类	重金属残留、残毒
	硫酸链霉素	生物富集风险
除草剂	胺苯磺隆、甲磺隆、氯磺隆	残效期长,易药害
	百草枯	高毒且无特效解毒剂
	除草醚	致癌、致畸、致突变

续 表

主要用途	中文通用名	禁用原因
除草剂	2，4－滴丁酯	易药害，对水生生物高毒
杀鼠剂	氟乙酰胺、氟乙酸钠、毒鼠硅、毒鼠强、甘氟	剧毒
	磷化钙、磷化镁、磷化锌	高毒，易燃易爆
熏蒸剂	二溴乙烷、二溴氯丙烷、溴甲烷	致癌、致畸
	氯化苦	高残留

注：*根据《斯德哥尔摩公约》和农业农村部相关公告等整理汇总。根据《中华人民共和国食品安全法》《农药管理条例》等相关法律法规的规定，任何剧毒、高毒农药不得用于瓜果蔬菜生产。

二、豆类蔬菜农药最大残留限量标准

农药名称	主要用途	最大残留限量/（毫克/千克）	农药名称	主要用途	最大残留限量/（毫克/千克）
胺苯磺隆	除草剂	0.01	丁硫克百威	杀虫剂	0.01
巴毒磷	杀虫剂	0.02*	啶酰菌胺	杀菌剂	3
百草枯	除草剂	0.05*	毒虫畏	杀虫剂	0.01
倍硫磷	杀虫剂	0.05	毒菌酚	杀菌剂	0.01*
苯嘧磺草胺	除草剂	0.01*	对硫磷	杀虫剂	0.01
苯线磷	杀虫剂	0.02	多杀霉素	杀虫剂	0.3*
吡噻菌胺	杀菌剂	0.3*	二溴磷	杀虫剂	0.01*
丙酯杀螨醇	杀虫剂	0.02*	灭多威	杀虫剂	0.2
草枯醚	除草剂	0.01*	灭螨醌	杀螨剂	0.01
草芽畏	除草剂	0.01*	灭线磷	杀线虫剂	0.02
敌敌畏	杀虫剂	0.2	内吸磷	杀虫/杀螨剂	0.02
地虫硫磷	杀虫剂	0.01	噻虫胺	杀虫剂	0.01

续 表

农药名称	主要用途	最大残留限量/（毫克/千克）	农药名称	主要用途	最大残留限量/（毫克/千克）
三氟硝草醚	除草剂	0.01*	甲基异柳磷	杀虫剂	0.01*
三氯杀螨醇	杀螨剂	0.01	甲萘威	杀虫剂	1
三唑磷	杀虫剂	0.05	甲氧滴滴涕	杀虫剂	0.01
杀虫脒	杀虫剂	0.01	久效磷	杀虫剂	0.03
杀虫畏	杀虫剂	0.01	抗蚜威	杀虫剂	0.7
杀螟硫磷	杀虫剂	0.50	克百威	杀虫剂	0.02
杀扑磷	杀虫剂	0.05	乐果	杀虫剂	0.01
水胺硫磷	杀虫剂	0.05	乐杀螨	杀螨剂/杀菌剂	0.05*
速灭磷	杀虫剂、杀螨剂	0.01	联苯肼酯	杀螨剂	7
特丁硫磷	杀虫剂	0.01*	磷胺	杀虫剂	0.05
特乐酚	除草剂	0.01*	硫丹	杀虫剂	0.05
涕灭威	杀虫剂	0.03	硫环磷	杀虫剂	0.03
戊硝酚	杀虫剂、除草剂	0.01*	烯虫炔酯	杀虫剂	0.01*
烯草酮	除草剂	0.5	烯虫乙酯	杀虫剂	0.01*
氟苯虫酰胺	杀虫剂	2	消螨酚	杀螨剂、杀虫剂	0.01*
氟虫腈	杀虫剂	0.02	辛硫磷	杀虫剂	0.05
氟除草醚	除草剂	0.01*	溴甲烷	熏蒸剂	0.02*
氟噻虫砜	杀线虫剂	0.1*	溴氰菊酯	杀虫剂	0.2
格螨酯	杀螨剂	0.01*	氧乐果	杀虫剂	0.02
庚烯磷	杀虫剂	0.01*	乙酰甲胺磷	杀虫剂	0.02
环螨酯	杀螨剂	0.01*	乙酯杀螨醇	杀螨剂	0.01
甲胺磷	杀虫剂	0.05	抑草蓬	除草剂	0.05*
甲拌磷	杀虫剂	0.01	茚草酮	除草剂	0.01*
甲磺隆	除草剂	0.01	蝇毒磷	杀虫剂	0.05
甲基对硫磷	杀虫剂	0.02	治螟磷	杀虫剂	0.01
甲基硫环磷	杀虫剂	0.03*	艾氏剂	杀虫剂	0.05

续 表

农药名称	主要用途	最大残留限量/（毫克/千克）	农药名称	主要用途	最大残留限量/（毫克/千克）
滴滴涕	杀虫剂	0.05	氯酞酸甲酯	除草剂	0.01
狄氏剂	杀虫剂	0.05	氯唑磷	杀虫剂	0.01
毒杀芬	杀虫剂	0.05*	茅草枯	除草剂	0.01*
六六六	杀虫剂	0.05	嘧菌酯	杀菌剂	3
氯丹	杀虫剂	0.02	灭草环	除草剂	0.05*
灭蚁灵	杀虫剂	0.01	敌百虫	杀虫剂	0.2
七氯	杀虫剂	0.02	嘧菌环胺	杀菌剂	0.5
异狄氏剂	杀虫剂	0.05	氯氰菊酯和高效氯氰菊酯	杀虫剂	0.7
甲氨基阿维菌素苯甲酸盐	杀虫剂	0.015	螺虫乙酯	杀虫剂	1.5*
吡虫啉	杀虫剂	2	乙基多杀菌素	杀虫剂	0.05*
硫线磷	杀虫剂	0.02	氟吡甲禾灵和高效氟吡甲禾灵	除草剂	0.5*
氯苯甲醚	杀菌剂	0.01	毒死蜱	杀虫剂	0.02
氯氟氰菊酯和高效氯氟氰菊酯	杀虫剂	0.2	甲氧虫酰肼	杀虫剂	0.3
氯磺隆	除草剂	0.01	氯菊酯	杀虫剂	1
氯酞酸	除草剂	0.01*			

注：摘自《食品安全国家标准 食品中农药最大残留限量》（GB 2763—2021，GB 2763.1—2022），其中标*表示该限量为临时限量（下同）。

三、荚不可食豆类蔬菜农药最大残留限量标准

农药名称	主要用途	最大残留限量/（毫克/千克）	农药名称	主要用途	最大残留限量/（毫克/千克）
吡氟禾草灵和精吡氟禾草灵	除草剂	15	氟唑菌酰胺	杀菌剂	0.09*
氟吡菌酰胺	杀菌剂	0.2*	咯菌腈	杀菌剂	0.03
氰霜唑	杀菌剂	0.07	啶虫脒	杀虫剂	0.3
噻虫嗪	杀虫剂	0.01	灭草松	除草剂	0.01*
烯酰吗啉	杀菌剂	0.7	氟吡呋喃酮	杀虫剂	0.2*
溴氰虫酰胺	杀虫剂	0.3*			

四、荚可食豆类蔬菜农药最大残留限量标准

农药名称	主要用途	最大残留限量/（毫克/千克）	农药名称	主要用途	最大残留限量/（毫克/千克）
二甲戊灵	除草剂	0.05	噻虫嗪	杀虫剂	0.3
甲氧咪草烟	除草剂	0.05*	阿维菌素	杀虫剂	0.08
咪唑菌酮	杀菌剂	0.8	氯虫苯甲酰胺	杀虫剂	0.8*
嘧菌环胺	杀菌剂	0.7	腈菌唑	杀菌剂	0.8
氰霜唑	杀菌剂	0.4	吡氟禾草灵和精吡氟禾草灵	除草剂	6
戊唑醇	杀菌剂	3	氟吡呋喃酮	杀虫剂	1.5*
啶虫脒	杀虫剂	0.4	氟吡菌酰胺	杀菌剂	1*
氟唑菌酰胺	杀菌剂	2*	灭草松	除草剂	0.01*

五、菜豆农药最大残留限量标准

农药名称	主要用途	最大残留限量/（毫克/千克）	农药名称	主要用途	最大残留限量/（毫克/千克）
阿维菌素	杀虫剂	0.1	马拉硫磷	杀虫剂	2
百菌清	杀菌剂	5	嘧霉胺	杀菌剂	3
苯醚甲环唑	杀菌剂	0.5	灭草松	除草剂	0.2*
吡虫啉	杀虫剂	0.1	灭蝇胺	杀虫剂	0.5
虫螨腈	杀虫剂	1	嗪氨灵	杀菌剂	1*
代森锰锌	杀菌剂	3	氰戊菊酯和S-氰戊菊酯	杀虫剂	3
啶虫脒	杀虫剂	0.5	噻草酮	除草剂	1*
多菌灵	杀菌剂	0.5	噻虫嗪	杀虫剂	7
噁霉灵	杀菌剂	1*	杀虫单	杀虫剂	2*
二嗪磷	杀虫剂	0.2	虱螨脲	杀虫剂	1
氟酰脲	杀虫剂	0.7	五氯硝基苯	杀菌剂	0.1
氟唑菌酰胺	杀菌剂	3*	溴螨酯	杀螨剂	3
咯菌腈	杀菌剂	0.6	溴氰虫酰胺	杀虫剂	1.5*
甲氨基阿维菌素苯甲酸盐	杀虫剂	0.02	异丙甲草胺和精异丙甲草胺	除草剂	0.05
螺虫乙酯	杀虫剂	1*	异菌脲	杀菌剂	2
螺甲螨酯	杀螨剂	1*	唑螨酯	杀螨剂	0.4
氯氰菊酯和高效氯氰菊酯	杀虫剂	0.5			

六、菜用大豆农药最大残留限量标准

农药名称	主要用途	最大残留限量/（毫克/千克）	农药名称	主要用途	最大残留限量/（毫克/千克）
2，4-滴异辛酯	除草剂	0.05*	喹禾糠酯	除草剂	0.1*
阿维菌素	杀虫剂	0.05	喹禾灵和精喹禾灵	除草剂	0.2*
胺鲜酯	植物生长调节剂	0.05*	氯虫苯甲酰胺	杀虫剂	2*
百菌清	杀菌剂	2	氯酯磺草胺	除草剂	0.02
吡虫啉	杀虫剂	0.1	扑草净	除草剂	0.05
草铵膦	除草剂	0.05*	氰戊菊酯和S-氰戊菊酯	杀虫剂	2
代森锰锌	杀菌剂	0.3	双氯磺草胺	除草剂	0.5
敌百虫	杀虫剂	0.1	萎锈灵	杀菌剂	0.2
多菌灵	杀菌剂	0.2	乙蒜素	杀菌剂	0.1*
多效唑	植物生长调节剂	0.05	异丙草胺	除草剂	0.1*
噁草酮	除草剂	0.05	异丙甲草胺和精异丙甲草胺	除草剂	0.1
氟环唑	杀菌剂	2	异噁草酮	除草剂	0.05
氟酰脲	杀虫剂	0.01	异菌脲	杀菌剂	2
氟唑菌酰胺	杀菌剂	0.5*	仲丁灵	除草剂	0.05
咯菌腈	杀菌剂	0.05	倍硫磷	杀虫剂	0.2
甲氨基阿维菌素苯甲酸盐	杀虫剂	0.1	苯肽胺酸	植物生长调节剂	2*
甲霜灵和精甲霜灵	杀菌剂	0.05	噁草酸	除草剂	0.2*
甲羧除草醚	除草剂	0.1	精噁唑禾草灵	除草剂	0.2

七、豇豆农药最大残留限量标准

农药名称	主要用途	最大残留限量/（毫克/千克）	农药名称	主要用途	最大残留限量/（毫克/千克）
阿维菌素	杀虫剂	0.05	马拉硫磷	杀虫剂	2
百菌清	杀菌剂	5	灭蝇胺	杀虫剂	0.5
草铵膦	除草剂	0.5*	溴氰虫酰胺	杀虫剂	2*
代森锰锌	杀菌剂	3	乙基多杀菌素	杀虫剂	0.1*
代森锌	杀菌剂	3	茚虫威	杀虫剂	2
腈菌唑	杀菌剂	2	甲氨基阿维菌素苯甲酸盐	杀虫剂	0.2
螺虫乙酯	杀虫剂	5*	氰戊菊酯和S-氰戊菊酯	杀虫剂	2
氯虫苯甲酰胺	杀虫剂	1*	甲基硫菌灵	杀菌剂	2
氯氰菊酯和高效氯氰菊酯	杀虫剂	0.5			

八、食荚豌豆农药最大残留限量标准

农药名称	主要用途	最大残留限量/（毫克/千克）	农药名称	主要用途	最大残留限量/（毫克/千克）
阿维菌素	杀虫剂	0.05	代森锰锌	杀菌剂	3
百菌清	杀菌剂	7	啶虫脒	杀虫剂	1
苯醚甲环唑	杀菌剂	0.7	氟噻唑吡乙酮	杀菌剂	1*
吡虫啉	杀虫剂	0.5	咯菌腈	杀菌剂	0.3
吡氟禾草灵和精吡氟禾草灵	除草剂	2	环丙唑醇	杀菌剂	0.01
吡唑醚菌酯	杀菌剂	0.02	甲硫威	杀软体动物剂	0.1*
草铵膦	除草剂	0.1*	甲霜灵和精甲霜灵	杀菌剂	0.05

续 表

农药名称	主要用途	最大残留限量/（毫克/千克）	农药名称	主要用途	最大残留限量/（毫克/千克）
甲氧虫酰肼	杀虫剂	2	氟吡甲禾灵和高效氟吡甲禾灵	除草剂	0.7*
氯虫苯甲酰胺	杀虫剂	0.05*	氟吡菌酰胺	杀菌剂	0.2*
氯菊酯	杀虫剂	0.1	马拉硫磷	杀虫剂	2
氯氰菊酯和高效氯氰菊酯	杀虫剂	0.5	灭蝇胺	杀虫剂	0.5
毒死蜱	杀虫剂	0.01	烯酰吗啉	杀菌剂	0.15
多菌灵	杀菌剂	0.02	溴氰虫酰胺	杀虫剂	2*
噁霉灵	杀菌剂	1*	螺虫乙酯	杀虫剂	2
二嗪磷	杀虫剂	0.2	噻虫嗪	杀虫剂	1
氟吡呋喃酮	杀虫剂	3*	联苯菊酯	杀虫/杀螨剂	0.9

九、豌豆农药最大残留限量标准

农药名称	主要用途	最大残留限量/（毫克/千克）	农药名称	主要用途	最大残留限量/（毫克/千克）
苯菌酮	杀菌剂	0.05*	联苯菊酯	杀虫/杀螨剂	0.05
吡虫啉	杀虫剂	0.5	氯氰菊酯和高效氯氰菊酯	杀虫剂	0.5
二甲戊灵	除草剂	0.05	马拉硫磷	杀虫剂	2
氟吡呋喃酮	杀虫剂	3*	灭草松	除草剂	0.2*
氟吡甲禾灵和高效氟吡甲禾灵	除草剂	1*	灭蝇胺	杀虫剂	0.5
氟噻唑吡乙酮	杀菌剂	0.05*	三唑酮	杀菌剂	0.05
甲氧咪草烟	除草剂	0.05*	噻虫嗪	杀虫剂	0.05

十、豆类蔬菜病虫绿色防控常用药剂索引表

商标、含量及剂型	中文通用名	主要防治对象
阿克泰25%水分散粒剂	噻虫嗪	烟粉虱
阿立卡22%微囊悬浮-悬浮剂	噻虫·高氯氟	短额负蝗
阿米妙收325克/升悬浮剂	苯甲·嘧菌酯	豇豆锈病、菜豆锈病、蚕豆锈病
阿米西达250克/升悬浮剂	嘧菌酯	豇豆煤霉病、轮纹病，扁豆褐斑病、角斑病等
艾法迪22%悬浮剂	氰氟虫腙	斜纹夜蛾、甜菜夜蛾、毛胫夜蛾、棉铃虫、肾毒蛾等
艾绿士60克/升悬浮剂	乙基多杀菌素	斜纹夜蛾、甜菜夜蛾、毛胫夜蛾、棉铃虫、肾毒蛾、美洲斑潜蝇、豌豆潜叶蝇、豆叶东潜蝇等
爱多收1.8%水剂	复硝酚钠	大豆病毒病、豇豆病毒病、菜豆病毒病
爱卡螨43%悬浮剂	联苯肼酯	朱砂叶螨
阿克白50%可湿性粉剂	烯酰吗啉	大豆霜霉病
百泰60%水分散粒剂	唑醚·代森联	大豆炭疽病、褐斑病，豇豆煤霉病、炭疽病，扁豆褐斑病、白星病、角斑病等
倍内威10%可分散油悬浮剂	溴氰虫酰胺	豆荚螟、豆野螟、豆小卷叶蛾、波纹小灰蝶、豆秆黑潜蝇、美洲斑潜蝇、豌豆潜叶蝇、豆叶东潜蝇、烟粉虱、大青叶蝉、筛豆龟蝽等
除尽10%悬浮剂	虫螨腈	豆荚螟、豆卷叶螟、豆野螟、豆小卷叶蛾、波纹小灰蝶等
达文西60%水分散粒剂	氟吗啉·唑嘧菌胺	大豆霜霉病
敌力脱250克/升乳油	丙环唑	豇豆锈病、菜豆锈病

续 表

商标、含量及剂型	中文通用名	主要防治对象
度锐300克/升悬浮剂	氯虫·噻虫嗪	斜纹夜蛾、甜菜夜蛾、毛胫夜蛾、棉铃虫、肾毒蛾、豆天蛾、短额负蝗等
格力高100克/升悬浮剂	溴虫氟苯双酰胺	斜纹夜蛾、甜菜夜蛾、毛胫夜蛾、棉铃虫、肾毒蛾、豆天蛾、短额负蝗等
好力克430克/升悬浮剂	戊唑醇	大豆炭疽病、豇豆锈病、菜豆锈病等
健达42.4%悬浮剂	唑醚·氟酰胺	大豆炭疽病，豇豆白粉病、炭疽病等
金雷68%水分散粒剂	精甲霜·锰锌	大豆霜霉病
金满枝20%悬浮剂	丁氟螨酯	朱砂叶螨
卡拉生36%乳油	硝苯菌酯	大豆白粉病、豇豆白粉病
卡死克5%乳油	氟虫脲	斜纹夜蛾、甜菜夜蛾、毛胫夜蛾等
凯恩150克/升乳油	茚虫威	豆荚螟、豆卷叶螟、豆野螟、豆小卷叶蛾等
凯津38%水分散粒剂	唑醚·啶酰菌	大豆白粉病，豇豆白粉病、炭疽病，菜豆灰霉病等
凯润250克/升乳油	吡唑醚菌酯	大豆炭疽病、豇豆炭疽病、扁豆褐斑病等
凯泽50%水分散粒剂	啶酰菌胺	大豆菌核病、菜豆灰霉病
可杀得叁千46%水分散粒剂	氢氧化铜	大豆细菌性疫病、豇豆煤霉病、豇豆轮纹病等
来福禄110克/升悬浮剂	乙螨唑	朱砂叶螨
雷通240克/升悬浮剂	甲氧虫酰肼	斜纹夜蛾、肾毒蛾、豆天蛾、桑褐刺蛾、大造桥虫等

续 表

商标、含量及剂型	中文通用名	主要防治对象
隆施10%水分散粒剂	氟啶虫酰胺	烟粉虱
露娜润35%悬浮剂	氟菌·戊唑醇	大豆炭疽病、豇豆炭疽病
露娜森43%悬浮剂	氟菌·肟菌酯	大豆白粉病、豇豆白粉病
绿妃29%悬浮剂	吡萘·嘧菌酯	大豆白粉病、豇豆白粉病等
螨即死95克/升乳油	喹螨醚	朱砂叶螨
螨危240克/升悬浮剂	螺螨酯	朱砂叶螨
美除50克/升乳油	虱螨脲	豆荚螟、波纹小灰蝶、斜纹夜蛾、肾毒蛾、豆天蛾、桑褐刺蛾、大造桥虫等
美甜20%悬浮剂	氟酰羟·苯甲唑	蚕豆黑斑病
麦甜20%悬浮剂	氟唑菌酰羟胺	大豆菌核病，菜豆菌核病，豇豆菌核病，蚕豆菌核病
拿敌稳75%水分散粒剂	肟菌·戊唑醇	大豆炭疽病，豇豆锈病、炭疽病，菜豆锈病等
品润70%水分散粒剂	代森联	大豆霜霉病、炭疽病，豇豆炭疽病等
世高10%水分散粒剂	苯醚甲环唑	大豆炭疽病，豇豆锈病、白粉病、炭疽病，菜豆锈病等
特福力22%悬浮剂	氟啶虫胺腈	烟粉虱、大豆蚜、花生蚜、豌豆修尾蚜、大青叶蝉
银法利687.5克/升悬浮剂	氟菌·霜霉威	大豆霜霉病
英腾42%悬浮剂	苯菌酮	大豆白粉病、豇豆白粉病等
英威50克/升可分散液剂	双丙环虫酯	大豆蚜、花生蚜、豌豆修尾蚜、大青叶蝉

十一、配置不同浓度药液所需农药换算表

农药稀释倍数	需配制药液量/升								
	1	2	3	4	5	10	20	30	40
50	20.00	40.00	60.00	80.00	100.00	200.00	400.00	600.00	800.00
100	10.00	20.00	30.00	40.00	50.00	100.00	200.00	300.00	400.00
200	5.00	10.00	15.00	20.00	25.00	50.00	100.00	150.00	200.00
300	3.40	6.70	10.00	13.40	16.70	34.00	67.00	100.00	134.00
400	2.50	5.00	7.50	10.00	12.50	25.00	50.00	75.00	100.00
500	2.00	4.00	6.00	8.00	10.00	20.00	40.00	60.00	80.00
1000	1.00	2.00	3.00	4.00	5.00	10.00	20.00	30.00	40.00
2000	0.50	1.00	1.50	2.00	2.50	5.00	10.00	15.00	20.00
3000	0.34	0.67	1.00	1.34	1.70	3.40	6.70	10.00	13.40
4000	0.25	0.50	0.75	1.00	1.25	2.50	5.00	7.50	10.00
5000	0.20	0.40	0.60	0.80	1.00	2.00	4.00	6.00	8.00

［例1］ 某农药使用浓度为3000倍，使用的喷雾机容量为30升，配制1桶药液需加入的农药量为多少？

先在农药稀释倍数栏中查到3000倍，再在需配制药液量目标值的表栏中查30升的对应值，两栏交叉点为10.0克或毫升，即为查对换算所需加入的农药量。

［例2］ 某农药使用浓度为1000倍，使用的喷雾机容量为12.5升，配制1桶药液需加入的农药量为多少？

先在农药稀释倍数栏中查到1000倍，再在配制药液量目标值的表栏中查10升、2升、1升的对应值，两栏交叉点分别为10.0、2.0、1.0，1升对应的表值为1.0，则0.5升为0.5，累计得12.5克或毫升，即为查对换算所需加入的农药量。

［例3］某农药使用浓度为1500倍，使用的喷雾机容量为7.5升，配制1桶药液需加入的农药量为多少？

本例中所使用的农药浓度和喷雾剂容量都不是表中的标准数据，对于此类情况可以直接用下列公式计算：

所需的农药制剂数量（克或毫升）＝

［配制药液的目标数量（千克或升）÷农药稀释倍数］× 1000

本例所需加入的农药量为（7.5÷1500）×1000＝5（克或毫升）。上述公式对例1和例2同样适用。

十二、国内外农药标签和说明书上的常见符号

a.i.（active ingredient） 有效成分
ADI（acceptable daily intake） 每日允许摄入量
AS（aqueous solution） 水剂
CS（capsule suspension） 微囊悬浮剂
DC（dispersible concentrate） 可分散液剂
DP（dustable powder） 粉剂
EC（emulsifiable concentrate） 乳油
EW（emulsion，oil in water） 水乳剂
FU（smoke generator） 烟剂
GR（granule） 颗粒剂
KT_{50}（median knockdown time） 击倒中时间
LC_{50}（median lethal concertation） 致死中浓度
LD_{50}（median lethal dose） 致死中量
LT_{50}（median lethal time） 致死中时间
MAC［maximum（maximal）allowable concentration］ 最大允许浓度
ME（micro-emulsion） 微乳剂
NPV（nuclear polyhedrosis virus） 核多角体病毒
RB（bait） 饵剂
SC（suspension concentrate） 悬浮剂
SG（water soluble granule） 可溶粒剂
ULV spray（ultra low volume spray） 超低容量喷雾
WG（water dispersible granule） 水分散粒剂
WP（wettable powder） 可湿性粉剂
WT（water dispersible tablet） 水分散片剂

主要参考文献

[1] 中国农业科学院植物保护研究所，中国植物保护学会.中国农作物病虫害[M].3版.北京：中国农业出版社，2014.

[2] 柴阿丽，杨红敏，李欣，等.内蒙古普通菜豆枯萎病病原菌鉴定[J].植物病理学报，2023，53（01）：133-136.

[3] 陈炯，郑红英，程晔，等.豇豆病毒病病原的分子鉴定[J].病毒学报，2001（04）：368-371.

[4] 邓东，孙菲菲，孙素丽，等.蚕豆和豌豆锈病病原菌的分子鉴定[J].植物保护学报，2022，49（04）：1071-1076.

[5] 冯东昕，朱国仁，李宝栋.菜豆锈病菌侵染对寄主超微结构的作用及菜豆抗锈病的细胞学表现[J].植物病理学报，2001（03）：246-250.

[6] 冯乐乐，竹龙鸣，谢华，等.浙江省鲜食大豆炭疽病病原分离及抗性鉴定[J].植物病理学报，2021，51（06）：840-849.

[7] 刘勇，叶鹏盛，曾华兰，等.豆类炭疽病病原物种类及其发生研究进展[J].微生物学通报，2021，48（11）：4296-4305.

[8] 柳建，姜文涛，安保宁，等.大豆白粉病病原菌鉴定[J].植物病理学报，2015，45（05）：548-551.

[9] 楼兵干，陈吴健，林钗，等.一种新大豆豆荚炭疽病症状类型及其病原鉴定[J].植物保护学报，2009，36（03）：229-233.

[10] 石妞妞，阮宏椿，揭宇琳，等.福建省大豆炭疽病病原菌的分离与鉴定[J].植物保护学报，2022，49（02）：539-546.

[11] 肖敏，严婉荣，曾向萍，等.豇豆轮纹病病原菌鉴定及ITS分析[J].分子植物育种，2021，19（03）：1038-1044.

[12] 徐丽慧，曾蓉，陆金萍，等.豇豆茎基部病害的病原鉴定及主要生物学特性研究[J].上海农业学报，2014，30（04）：1-5.

[13] 许艳丽，魏巍.镰孢菌与大豆根腐病研究进展[J].东北农业大学学报，2020，51（3）：87-96.
[14] 杨淼泠，张维，韦秋合，等.大豆菌核病研究进展[J].中国农学通报，2021，37（27）：90-99.
[15] 姚红梅，谢关林，金扬秀.上海地区大豆细菌性“叶斑病”病原研究[J].上海农业学报，2007（2）：41-45.
[16] 俞孕珍，孙军德，刘志恒，等.大豆霜霉病发生规律的研究[J].沈阳农业大学学报，1997（3）：26-29.
[17] 张丽娟，杨晓明，陆建英，等.豌豆白粉病研究进展[J].植物保护，2015，41（1）：7-12.
[18] 郑翠明，常汝镇，邱丽娟.大豆花叶病毒病研究进展[J].植物病理学报，2000（2）：97-105.
[19] 周卫川，林孔勋，吴宇芬.豇豆锈病菌生命表和繁殖表[J].植物病理学报，1996（2）：58-62.
[20] 夏国绵，楼曼庆，李金先，等.豆秆黑潜蝇在菜用大豆上的为害及防治技术[J].大豆通报，2002（6）：11-12.
[21] 许方程，郑永利，吴永汉，等.浙南地区豆野螟生物学特性和消长规律研究[J].植物保护，2005（1）：53-55.
[22] 郑永利，姚士桐.鲜食大豆蚜虫种群增长规律与防治指标[J].昆虫知识，2006（3）：395-397.
[23] 吴华新，郑永利，韩敏晖，等.蚕豆象防治适期及不同药剂的控害效果[J].中国蔬菜，2006（9）：25-26.
[24] 郑永利，吴华新，蒋开杰，等.大豆田斜纹夜蛾种群空间分布型及抽样技术研究[J].中国农学通报，2007（3）：368-372.
[25] 郑永利，胡务义.鲜食大豆蚜虫空间分布型及抽样技术研究[J].浙江农业学报，2008（1）：45-48.